AF250261

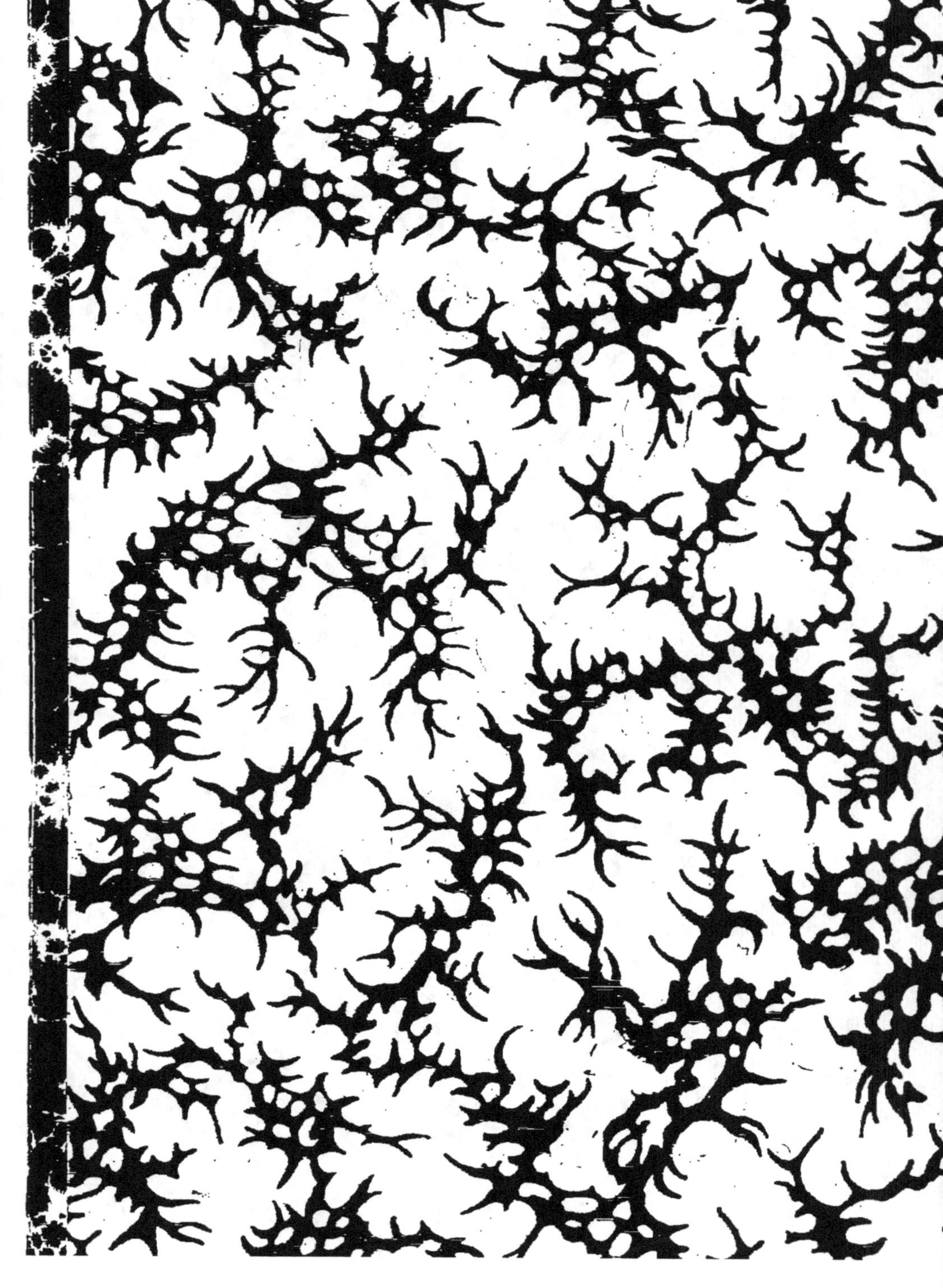

Il a été tiré de cet ouvrage :

10 *exemplaires sur papier de Chine, numérotés de 1 à 10 ;*
10 *exemplaires sur papier des manufactures impériales du Japon, numérotés de 11 à 20.*

A TRAVERS L'INDE

CAPITAINE CLAUDE-LAFONTAINE

À TRAVERS L'INDE

PARIS

LIBRAIRIE PLON

PLON-NOURRIT ET Cie, IMPRIMEURS-ÉDITEURS

8, RUE GARANCIÈRE — 6^e

1913

Tous droits réservés

A TRAVERS L'INDE

BOMBAY

I

Nous arrivons en rade à minuit.

Après le long voyage à travers les mers soli-
taires, le port silencieux apparaît peuplé de lumières et d'ombres. Un phare promène son rayon.

La nuit est tiède, différente des nuits marines.
Sur l'eau, qui joue mollement, des souffles palpitent, lourds de parfums : parfums de musc et
d'ambre, premières caresses de la terre d'Orient.

Ainsi, de l'Inde énorme toute proche, inacces-
sible encore, une âme ardente, chaude, s'exhale
comme l'odeur d'une rose nocturne.

Nous mouillons en plein port, sans accoster
au « pier », dans le calme de l'eau paisible, envi-

ronné de mille lumières, feux des quais et des
bateaux, étoiles trop brillantes, et les dernières
heures du voyage s'écoulent vite sur ce pont
immobile maintenant; trop vite même, car demain
cette terre encore pleine de mystères m'aura livré
ses premiers secrets et sans doute le désappointe-
ment, les désillusions suivront!... N'est-ce pas
toujours ainsi? Le rêve paré, enivrant n'est-il pas
infiniment loin de la vérité des choses et des
êtres?

*
* *

Au soleil levant, les maisons des quais, les
hauteurs de Malabar couvertes de villas et de jardins s'éclairent d'un rose délicat : c'est attirant
comme un jouet frais et neuf. Un saut dans la
chaloupe qui danse sous ses toiles : nous filons
sous la brise et dans cinq minutes nous touche-
rons la terre de l'Inde!... Vraiment mon cœur se
serre quand j'abandonne le bateau : je sens très
nettement que j'ai cette fois définitivement quitté
la France, que tout lien est rompu, que j'entre
dans un monde nouveau.

Nous accostons à Apollo Bundar, entre l'imposant Taj-Mahal Hotel et le Royal-Bombay Yacht-Club. La première chose qui frappe mon regard, c'est un « taxi-auto » dont le capot indique une célèbre provenance : peint en jaune et rouge, il est conduit par un Goanais, au cou maigre, aux cheveux crépus, qui flotte dans sa livrée « à l'instar » : c'est hideux. N'avais-je pas raison de craindre les déceptions? L'air fleure le pétrole comme dans la meilleure rue de Paris !

L'Inde est un merveilleux débouché pour nos constructeurs : il y a très peu d'années, le signataire du capot cité plus haut avait envoyé, pour servir de voitures publiques à Bombay, dix automobiles : avant leur débarquement, elles étaient déjà achetées et payées par un rajah voisin. Aujourd'hui les routes de la province de Bombay sont aussi fréquentées que celles de notre Normandie pendant nos mois d'été, et tout prince qui se respecte a dans ses remises une demi-douzaine au moins de trente ou quarante-HP.

Le trajet est court du débarcadère à l'hôtel; tant mieux, car il commence à faire péniblement chaud en dépit de l'heure extra-matinale : une chaleur lourde et moite qui imbibe l'île de Bombay d'une évaporation continuelle; c'est un climat tropical, où l'air n'est qu'une vapeur chaude qui empouacre et aveulit.

Quand, en débarquant dans une grande ville d'Europe, vous arrivez le matin, vers six heures, après une nuit de voyage, dans le meilleur hôtel, les portes ne sont qu'entr'ouvertes!... l'hôtel a encore sa toilette de nuit; les fauteuils sont rangés dans le milieu des vestibules déserts; les garçons, en gilets rayés et tabliers verts, remuent des balais, retournent des tapis, secouent des paillassons; on sent le café qu'on grille, le beurre et les petits pains rôtis.

Ici, c'est aussi surprenant qu'éblouissant. Dans l'immense hall du Taj-Mahal, vaste comme une cathédrale, dallé de marbre brillant, orné de colonnes, agrémenté de fleurs précieuses, une foule épaisse d'hommes et de femmes, parés comme pour une fête, s'agitent en remous harmonieux : tout le monde est sur pied bien qu'il soit à peine six heures; les hommes en toile ou en flanelle légère, la joue rasée, attendent, en respirant la fraîcheur relative du matin, l'heure du bureau, de la promenade, du sport; les femmes, presque toutes vêtues de blanc, le cou nu hors du corsage très échancré, bras libres, jupes courtes, agitent des éventails; partout des groupes s'animent; des buveurs aspirent la paille de grands verres; d'autres causent avec vivacité; les flirts s'agitent, les couples passent : au milieu de tout cela, les serviteurs hindous en blanc, jambes et pieds nus, enturbannés de couleur claire circulent vivement, en silence; les trois « lifts » à chacun de leurs rapides et incessants voyages déposent des grappes entières de misses, de ladies, de gentlemen de tous genres, de toutes contrées : c'est la vie débordante, active à une heure où je ne l'ai jamais vue telle. La raison, vous l'avez devinée, c'est que depuis dix heures du matin et jusqu'à trois heures de l'après-tiffin, chacun sieste chez soi, bloqué par l'impitoyable chaleur du dehors, et qu'il faut bien trouver à un certain moment du jour le temps de vivre un peu.

Quelle joie d'avoir une grande chambre immobile, un lit frais et large! C'est le même lit que je retrouverai partout dans l'Inde : un treillis élastique à souhait, un matelas très mince, trois centimètres à peine, en fibres de cocotier, et un petit oreiller long, plat et dur; pour toute couverture, un drap qui le plus souvent reste plié, inutilisé, et remarquez que le lit est presque toujours placé sous l'hélice en bois de la panka; mais il fait si chaud et on est si bien « en croix » pour faire la sieste!

Tout le reste du mobilier aurait pu servir à meubler une chambre, à Paris, de l'Élysée Palace ou du Ritz, et n'était l'Odeur, l'Odeur persistante qui finit par imprégner les narines de ses voluptés tièdes, l'Odeur qu'on retrouve jusque dans son mouchoir, qui a pénétré tout, les pierres, la poussière, les tentures et qui devient la hantise dont sera faite plus tard la nostalgie de ce pays, je pourrais me croire dans tout autre hôtel d'Europe.

On frappe à la porte : « *Come in!* » C'est un Hindou de taille élancée, maigre, un peu voûté : je remarque surtout sa moustache blanche, la sclérotique des yeux, et les cheveux gris qui tranchent sur le teint presque noir; il est vêtu de blanc, turban mince, mousseline immaculée roulée autour des reins et des cuisses; le bas des jambes est nu : c'est mon boy qui vient se présenter; il est exact! Je l'ai retenu de Paris et c'est lui qui me servira de courrier, de guide, de valet de chambre. « Comment t'appelles-tu? — François Manty; je suis chrétien et citoyen français, monsieur! » Et il faut voir la fierté avec laquelle il lance son « citoyen français ». Il ajoute : « J'ai voté l'autre jour pour le candidat du gouvernement : moi, très bien avec M. Lévesque, gouverneur à Pondichéry, monsieur! » Il prononce « Pond'chry, missieu ». « Je n'en doute pas, François, et je t'en félicite; et dis-moi, que sais-tu faire? — Je sais tout faire, tout, tout... je couche la nuit devant la porte par terre... je parle à tous... je donne les bakchichs, je veille aux bagages... je montre toute l'Inde à « missieu »... »

C'est parfait et je n'ai plus qu'à me laisser faire! Mais pour l'instant j'ai besoin d'être seul et je le renvoie : quel joli salut, un sourire découvre l'éclair des dents, le corps s'incline, une jambe en avant pendant que l'autre recule, la nuque se plie et les mains jointes se portent d'un geste répété, moelleux, à la bouche et au front...

II

Avant tout, je me dois à mes amis anglais ; j'ai
hâte de prendre le contact avec eux et d'utiliser
mes lettres d'introduction ; peut-être rencontre-
rai-je aussi quelques compatriotes...

Au dehors, c'est un rayonnement intense de lumière : le premier choc est pénible : tout est écla-
tant, le sol dur sur lequel roule la voiture, les maisons blanches, les passants vêtus de blanc... l'œil
est ébloui ; on est accablé par la chaleur. Partout
des magasins, des bureaux où circule une foule jamais vue, de toutes races, de tous costumes. Les
rues sont larges et droites ; les maisons ressemblent
à celles de Londres. Les murs sont couverts d'affiches. Je lis des inscriptions anglaises au fronton
des monuments : *The Government Secretaryship,
Municipal Hall, Elphinstone College, Victoria*

Terminus ; des jardins, des squares avec des grilles ; beaucoup de statues : King Edward, lord Reay, sir J. Jeejecbhoys. Sur la chaussée les cars électriques, les voitures, les automobiles, les tramways à trolley se croisent à grande allure.

Vraiment, tout ceci ressemble trop à une grande ville européenne et je dois regarder mieux sur les trottoirs les jambes noires et nues, les draperies et les turbans pour me convaincre que c'est ici Bombay, que c'est bien ici l'Inde !

Je n'ai rencontré aucun de mes trois amis, mais à chaque demeure on m'a fait la même réponse : « Lord X... n'est pas chez lui ; si vous tenez à le voir, allez à cinq heures au Royal-Bombay Yacht-Club... »

J'y suis allé dans ce fameux club : c'est charmant.

Figurez-vous devant l'eau molle et lourde de la rade, une longue terrasse bâtie en bordure de quai ; sur cette terrasse on a dessiné des pelouses, des allées : les pelouses sont délicieusement vertes et les allées sont sablées avec soin ; des grands vases de pierre pleins de fleurs se dressent sur leurs piédestaux. Autour des tables à parasol, dans des chaises de paille des groupes d'invitées, jeunes filles, ladies, mettent la note gaie des corsages clairs. Derrière le jardin, brillant et empavillonné, le cercle étage ses balcons vernis de chalet normand; l'aspect est pimpant, net et confortable. Une nuée de « Goanais », pieds nus, habillés de blanc, se tiennent prêts à servir les « drinks » glacés, citronnades au gingembre, « Peg », « Billy William ».

L'air arrive léger du large, il fait frais délicieusement après l'étouffante journée et les voix s'élèvent très gaies, mêlées à la musique du « Band St Battn, BB and CI Railway Volunteers » qui exécute à l'anglaise le programme suivant :

1° Introduction 3° Act.	*Lohengrin.*	WAGNER.
2° Ouverture	*French Comedy.*	BELA BELA.
3° Coadle Song.......	*Schumann lied.*	SCHUMANN.
4° Valse.............	*A toi.*	WALDTEUFEL.
5° Sélection	*Geneviève de Brabant.*	OFFENBACH.
6° Song.............	*Sing me to Sleep.*	GREENE.
7° Indian Romance....	*Rainbow.*	WENRICK.

God save the King.

A part le septième morceau, c'était bien peu « couleur locale »...

Sur la rade, à l'heure où le couchant fait le ciel
rose, le calme du soir met son apaisement; les gros
steamers à l'ancre semblent plus lourds et plus
immobiles; les centaines de barques à dais de
toile ne se balancent plus que faiblement sur leur
corde. Là-bas, à l'horizon, du côté de l'Europe,
le soleil tombe brusquement; un souffle de vent
passe et une belle nuit sereine et claire recueille le
soupir des choses que n'accable plus le soleil...

III

Au sortir d'une des avenues les plus fréquentées,
les plus européennes de Bombay, à deux pas des
tramways à trolley, des passages d'automobiles,
on découvre en obliquant vers la mer tout un
quartier hindou de temples, de petites pagodes;
la route qui passe tout près ne trouble pas la
paix de ces ruelles minuscules bordées d'autels,
de chapelles, de figures de dieux; en quelques
pas on est transporté très loin de la ville moderne,
dans une sorte de petite cité religieuse, paisible,
odorant l'encens et les fleurs. Là, plus de casques
de liège, plus de complets... Dans les méandres
des passages étroits, des hommes à moitié nus
passent souples, recueillis, allant à l'office : on
entend le gong qui les appelle. Des mendiants,
par douzaines, accroupis, tendent les bras; ils

jalonnent la petite rue qui monte, serrés les uns
contre les autres en deux files qui s'allongent;
quelques-uns saisissent un pan de votre vêtement pour forcer l'attention; des enfants, tous
nus, marchent à reculons, en tendant des sébiles.

Je passe près d'un joli bassin, rempli d'une
eau limpide; les hauts bords de pierres sont sou-
tenus par des colonnes à clochetons... des canards
blancs glissent graves et parallèles, par élans qui
dévient brusquement. Tout près, un portique à
jour indique le chemin du temple : au pied, un
brahmane lit ses prières; il est simple et recueilli.
Je l'ai regardé longtemps, avec une insistance
qui eût été désobligeante dans n'importe quel
pays. S'est-il aperçu de ma présence? Je ne le
crois pas, ses yeux n'ont pas cillé : il est resté
absorbé tout entier par sa méditation... A quoi
rêve-t-il? aux dieux innombrables de l'hindouïsme? auquel? à Krishna, à Siva? Il en a tant à
adorer dans le Panthéon prodigieusement peuplé
de cette religion absorbante : dieux, démons,
fantômes, demi-dieux, saints déifiés! Élève-t-il sa
pensée vers les avatars de certains d'entre eux,

vers Hanuman, le dieu Singe, vers Ganesh, le dieu Éléphant?

Contemple-t-il Couvera, Cama, ou Pouléar? ou bien songe-t-il au Bagavad Gita, ce « Chant de l'Adorable », ce Coran des Hindous, toujours lu, toujours médité, jamais interprété semblablement, et pose-t-il à Sri Krishna les angoissantes questions d'Arjuna? A-t-il atteint l' « état brahmanique »?... « L'homme qui, rejetant tout désir, vit libre d'attachement, libre d'égoïsme, libre du sentiment de ce qui est ou n'est pas sien, celui-là obtient la tranquillité (1)! » ou bien, comme le chante le Brihadaranyaka, est-il « entré dans l'esprit divin, de la même manière qu'un morceau de sel, qu'on jette à la mer, se dissout dans l'eau et est impossible à séparer ensuite »?...

Ce qui est sûr, c'est que ses réflexions sont profondes : sa méditation l'absorbe totalement : il continue à m'ignorer.

Est-il vraiment possible de se concentrer à ce point, de s'abstraire de l'ambiance pendant de si longues heures chaque jour! Et nous qui sommes

(1) Mahabarata.

si fiers, si orgueilleux de notre « self control » !
Est-ce que tous les penseurs de ce pays ont cette
puissance de méditation?...

Après le portique, une petite rue grimpante
terminée par un escalier aboutit au sanctuaire;
elle se resserre, de plus en plus pressée par les
statues des dieux peinturlurés de minium, par les
monstres de pierre qui la bordent. A chaque pas
des « lingams » en pierre noircie, polie par des
attouchements innombrables; je le rencontrerai
partout ce symbole de la procréation, ce symbole
du dieu qui féconde pour détruire, qui fait la vie
pour alimenter la mort; j'en vois de toutes les
tailles, de tous les modèles : œufs épais à dessins
gravés sur la pointe, fûts de colonne courts et
larges, tiges dont le bout s'épanouit...

J'ai tout juste la place de passer, tant le couloir devient étroit : je frôle les statues de Siva,
innombrables, les figures de Parvâti, les idoles
sculptées, les colonnes des autels; je sens le
souffle chaud des cierges, l'odeur des fleurs
mélangée aux relents de cave de tous ces coins
obscurs; les Hindous qui sont là, vendeurs de
guirlandes, gardiens des boutiques, se reculent

dans les enfoncements, dans les niches sombres quand je passe, pour éviter doucement, sournoisement mon contact; une vache sacrée, qui mâche des feuilles et des fleurs, me barre un instan la route...

Voici l'escalier : d'en bas, je ne vois pas le temple; les grandes marches dallées, luisantes semblent conduire au ciel.

Une inscription, en sanscrit, rappelle ici la légende du « Walkeswur ».

« Autrefois, le dieu Rama, parti pour conquérir Lanka, où il voulait punir le roi Ravana qui lui avait ravi son épouse Sita, fit halte en ces lieux pour y passer la nuit. Latchman, son frère, lui envoyait chaque soir, par le moyen d'un génie, un lingam de Bénarès pour faire ses dévotions. Ce soir-là, le génie n'arrivant pas, le dieu Rama, impatienté, prit un peu de sable de la plage et en façonna une idole. »

L'endroit où il avait creusé la terre devint le bassin qu'on voit encore et la petite ville sainte qui fut bâtie autour est appelée la ville du « Walkeswur », c'est-à-dire la ville du « dieu des sables ».

En haut de l'escalier, sur la plate-forme, les yeux

se ferment, éblouis, au sortir de la ruelle sombre; la mer est là derrière, d'un bleu violent sous le ciel cru. Le temple, dominant la falaise, se dresse, tout petit; il est précédé d'une sorte d'atrium en marbre brillant supporté par des colonnes entre lesquelles circulent des femmes joliment drapées; à l'intérieur, la salle à trois fenêtres ouvertes sur l'immensité est pleine de prêtres, d'adorateurs de Siva qu'un bedeau fait écarter pour nous laisser contempler le dieu!

Il est là, ce dieu, ses trois yeux qui voient le passé, le présent, l'avenir, grands ouverts; des serpents, symboles d'éternité, s'enroulent autour de son cou, de son corps onduleux d'androgyne; de ses côtés jaillissent en auréole six bras couverts d'anneaux; à ses pieds gisent des squelettes.

Devant, une borne cylindrique, arrondie au sommet, est placée sur un plateau creusé d'une rigole ovale : le lingam dans le yôni, emblème des organes générateurs; c'est encore lui Siva et son épouse Parvâti.

... Les yeux qui voient tout, les bras qui détruisent, les organes qui régénèrent, et cela de toute éternité... le symbole est saisissant et l'idée jaillit profonde, impérieuse de tous ces emblèmes : c'est la vie et la mort, c'est la nature entière concrétisée par cette idole grossière couverte de fleurs ; c'est l'éternel problème devant qui tous s'inclinent et rêvent…

IV

Ce matin je me suis fait conduire à Malabar
Hill.

La voiture file le long de Queen's Road entre
les villas anglaises noires et tristes dans leur végétation sombre et le BB et CI Railway qui longe la
mer. L'avenue, très large, épouse mollement la
courbe de la baie ; des coolies vident leurs outres
sur la chaussée pour lutter contre l'épaisse poussière rouge ; des voitures, des autos passent rapides, menant à leurs affaires des Anglais casqués
de clair, raides d'une attitude hautaine et voulue.

Au bout de Queen's Road, le chemin fléchit sur
la gauche, commence à monter dès qu'on a
dépassé les baraques de la léproserie, et l'on
découvre Malabar Hill : c'est la fameuse colline
parsemée de villas, de cottages et de jardins, pro-

montoire verdoyant qui enferme la « Back Bay »
et d'où l'on domine la ville. La route monte au
milieu des habitations européennes perdues dans
les palmiers, passe devant la résidence d'été du
gouverneur. On peut se croire au mont Boron,
près de Nice, ou mieux à Mustapha, au-dessus
d'Alger : ce sont les mêmes tournants, les mêmes
échappées où l'on voit luire la mer et scintiller la
brume de la grande ville.

Tout en haut la vue est très belle sur Bombay
et Colaba ; la mer d'un jaune sale brille sous la
chaleur ; la ville semble aplatie, embuée d'une
lourde vapeur grise d'où sortent des clochers
gothiques, des flèches de temple, des bouts de
palmes sombres.

A côté, sur le sommet même et dominant les
deux versants, il y a un beau et frais jardin,
entouré de murs élevés ; on y pénètre par un
lourd portail en pierre grise qui rappelle ceux de
nos cimetières ; partout des allées nettes, des massifs bien découpés, des fleurs éclatantes ; au fond,
dans les palmiers, cinq grosses tours nues, mas-
sives et désolées..., énigmatiques, troublantes
dans le calme impressionnant d'alentour ; sur les

arbres, de grands oiseaux, après un planement large et rapide, se posent et semblent attendre...

C'est le cimetière parsis avec les Tours du Silence.

Et l'un des prêtres vêtus de blanc qui gardent l'enceinte funèbre m'explique ces choses.

« Au sommet de chaque tour, me dit-il, il existe un plancher ayant la forme d'un grand entonnoir percé au centre d'un puits; ce puits communique avec un souterrain. Le plancher est divisé en trois bandes concentriques, partagées, chacune, en soixante-douze cases. Sur la bande extérieure on place les corps des hommes, sur celle du milieu ceux des femmes, et enfin sur la plus petite ceux des enfants... les cadavres y sont posés absolument nus : ainsi le veut Zoroastre.

« Quand on apporte un mort, les parents et les amis s'arrêtent ici, assez loin, vous le voyez, des Tours : deux gardiens prennent le corps et entrent avec lui par cette petite porte qu'ils referment derrière eux.

« Et dès lors ce n'est plus très long; quelques minutes. Tous ces vautours que vous voyez en ce moment, immobiles et muets, sur leurs branches,

s'abattent sur la Tour dès que l'instant est venu !
Ce sont nos fossoyeurs : le sang coule par le
souterrain jusqu'à la mer ; la chair disparaît sous
les becs avides ; les os sont calcinés, réduits en
poudre par le soleil dévorant et il ne reste bientôt
plus rien... »

Et malgré soi les yeux se fixent sur ces oiseaux
de proie, nourris depuis toujours de cervelles et
de cœurs humains, sépultures vivantes, preuves
animées de la mort transformée soudain en vie.

Au sortir du cimetière, je croise un enterrement : le mort, emmailloté de clair sur une
civière légère, est porté par des parents ; derrière
suivent d'autres Parsis, habillés de blanc, tenant
deux par deux une cordelette blanche qui les unit
dans la douleur ; l'étrange cortège disparaît lentement derrière le lourd portail. Des chants infiniment tristes s'élèvent pendant que le vent
apporte l'odeur des baguettes de santal brûlé. Et
tout à coup un grand battement d'ailes : les fossoyeurs volent à leur besogne...

Les Parsis sont 94 000 (1) aux Indes et vivent

(1) Census de 1901.

pour la plupart à Bombay ; ils sont commerçants, banquiers, presque tous fort riches et philanthropes ; ils occupent, bien que peu nombreux, une situation considérable à cause de leurs fortunes ; ils sont instruits, ouverts à tous les progrès et ont plus d'un point commun avec les Européens. L'un d'eux, M. Tata, a épousé dernièrement une Parisienne.

Non seulement ils ont le génie des affaires, mais encore ils ont le sens de la politique ; ils ont su plaire aux Anglais, malgré leurs richesses, par des dons importants, des créations d'hôpitaux. L'un d'eux, Dinsah Petit, fondateur d'un asile, a été anobli par la reine Victoria ; un autre a créé l'École des Arts (sir Jam Jeejecbhoys).

Les hommes se coiffent drôlement d'une mitre semée de points d'or ou d'étoiles ; les femmes se drapent dans le « sari », jolie draperie d'une rare et coûteuse élégance ; les enfants, vêtus avec un luxe excessif, portent des calottes brodées, couturées d'or. Ils sont gantés, soignés, pommadés...

Cette race si douée, si séduisante semble destinée à disparaître : le nombre des Parsis ne s'accroît plus : leur intransigeance les empêche d'augmenter leur faible contingent. C'est dommage, car c'est une des races les plus pures où le sang arien a été le moins mélangé.

*
* *

Si l'on continue sa route pour redescendre vers Bombay par l'autre versant, on traverse le Malabar des Parsis et des Hindous. Ce côté est moins bien exposé; la végétation est plus maigre; les villas y sont nombreuses cependant et il en est de somptueuses : on me montre celle de Datanah Minsi, fondateur d'un sanatorium; celle d'un Hindou, Goculdas, richissime, propriétaire d'une écurie de courses, directeur de l'importante filature de coton qui se trouve au bas de la descente.

Au milieu des jardins, une batterie bétonnée tourne les gueules encapuchonnées de ses pièces de côte vers les passes de Back Bay; les artilleurs anglais, grands, découplés, en mollets nus et jerseys, jouent mollement au football : la sentinelle, quelques pas plus loin, s'intéresse au jeu !...

* * *

Au pied de Malabar Hill, presque au point où l'on retrouve Queen's Road, un grand mur de pierres meulières borde l'avenue ; je sonne à une porte, une vraie porte de prison qui s'entre-bâille seulement à mon appel et qui finit par s'ouvrir quand on a lu mon « permis de visiter ». Un grand Hindou à l'air sournois me salue en silence et me guide ; je marche quelques pas et j'arrive dans une sorte de cour oblongue close de toutes parts. Trois bûchers laissent monter verticalement dans l'air calme un pinceau de fumée : ce sont des corps qui brûlent... ; en s'approchant on voit, au milieu des branchages, des pieds dont les doigts se dressent, un genou qui dépasse... Ça se consume tout doucement et l'on reste là indéfiniment à regarder se tasser peu à peu, par petits effondrements successifs, tous ces amas de chair, d'os et de bois. A côté, des petits paquets de cendres grises indiquent la place où d'autres morts ont été brûlés... Un peu en dehors, une dizaine d'hommes sont assis sur des bancs; de temps en temps l'un d'eux se lève, va remettre du bois et souffle sur le feu pour l'activer.

« Nous en brûlons une trentaine par jour, m'explique mon Hindou... et les cendres sont jetées à la mer; ce n'est plus très commode maintenant, parce qu'il faut traverser Queen's Road et le chemin de fer et qu'il faut faire attention aux trains et aux automobiles. »

Tout à côté, touchant la sinistre cour, un délicieux petit cimetière musulman repose parmi les fleurs. Les tombes sont jetées, de-ci, de-là, au caprice de chacun, dirait-on, et dans l'intervalle, des rosiers penchent leurs boutons pâles; ici règnent la paix et la sérénité; l'esprit s'apaise à retrouver là notre conception chrétienne des soins pieux à donner aux corps de ceux que nous avons aimés ! Vraiment l'effarement, l'inquiétude étaient trop grands tout à l'heure...

Peut-on concevoir, sans que l'âme tressaille, qu'un cœur qu'on a aimé, qu'on a entendu battre et souffrir soit déchiqueté brutalement, emporté en morceaux par des bêtes immondes?... pourrait-on davantage éparpiller dans une eau quelconque les cendres d'une mère, d'un père? la main s'étendrait instinctivement pour retenir un peu de cette précieuse poussière.

C'est notre conception chrétienne de la vie, liée à notre essence même depuis près de deux mille ans, qui nous fait croire a l'individualité durable de ceux que nous avons connus; eux pensent autrement : illusion, l'expression du regard, les inflexions de la voix, le sourire; mirages d'un instant, tout ce qui nous semblait l'expression éternelle de l'âme; rien n'existe par lui-même : nous ne sommes que les parcelles momentanément séparées d'un principe qui rayonne, d'un même ensemble où nous retournerons pour l'éternité, à la fin des âges...

V

Il a fallu, cette nuit, faire la traditionnelle promenade dans le quartier de la prostitution. A vrai dire, ce quartier se résume en une seule longue avenue bordée de maisons basses. Le gouvernement anglais n'est pas encore parvenu à le supprimer, malgré son activité, ou il n'a pas osé. Le lieu est très fréquenté.

L'animation est grande à l'heure tardive où nous arrivons; je dis nous, car notre bande se compose de huit personnes, sept Anglais et moi; il est prudent d'être nombreux. D'ailleurs ne croyez pas que je sois la raison ou le prétexte qui amène ici ces pudiques gentlemen; à Bombay tout smoking qui se respecte quitte le cercle à minuit pour venir, derrière Moombadevi Road, où se trouve l'avenue en question, faire sa visite

quotidienne. Il a ses maisons préférées, ses nu-
méros d'élection. Là on lui sert le champagne de
son goût ; il en sort longtemps après y être entré :
vous pensez dans quel état. Souvent même le boy
vient au matin chercher « Son Honneur »... Ce
même gentleman se fâcherait tout rouge, si vous
vous avisiez, le lendemain, d'une simple allusion :
on lui a appris qu'il fallait toujours sauver la face,
même entre augures.

Le spectacle est éminemment curieux. Groupées à part, dans un bout de la rue, voici les cases
des femmes hindoues ; chaque case est fermée par
une grille : derrière la grille un rideau de coton-
nade rouge; entre les deux, accroupie, immobile,
se tient la prostituée. On la distingue assez mal,
car la bougie allumée derrière le rideau rouge
l'éclaire à contre-jour. Souvent on assiste à la
scène suivante : un matelot, ou un indigène, a
fait son choix; une grille s'ouvre et se referme
derrière lui; le couple écarte le rideau rouge qui
retombe et la bougie s'éteint. Au bout d'un temps
très court, quelques minutes à peine, le visiteur
s'en va, la bougie se rallume et la pauvre femme
reprend sa pose et son immobilité.

Il y en a de jolies, très jeunes, parées de bijoux nombreux et médiocres; toutes, elles nous laissent passer en silence, sans un signe, sans un appel : même pour ces misérables, notre contact serait impur.

Par contre, plus loin nous sommes assaillis d'invites : « *Come here, Come here.* » Ce sont de minuscules Japonaises; elles se tiennent aux fenêtres des premiers étages, deux à chaque ouverture et identiques entre elles vues d'en bas; la face maigre et pâle, l'énorme chevelure brillante piquée d'épingles sur la tête menue, la robe croisée et ceinturée haut sur les petits seins. Chaque poupée est éclairée par un lampion multicolore accroché sur la croisée à hauteur du visage : elles font signe de l'éventail et crient toujours : « *Come here, Come here...* »

Pauvres petites exilées! Comme on les sent loin de leur délicieux pays; fleurs chétives mal transplantées sous un climat hostile et brutal... « *Come here, Come here.* » Les petites voix aiguës et nasillardes nous poursuivent jusque devant les « maisons » musulmanes.

Là, c'est la nuit, le silence louche, l'obscurité

pleine de mystère. Les fenêtres ouvertes sur le noir des chambres laissent passer les sons lointains des guzlas. Et le cœur se serre, on ne sait pourquoi, comme pris d'angoisse et d'inquiétude! Tout est obscur, le long corridor du rez-de-chaussée, les pièces qui bordent la rue, et c'est dans l'arrière-cour qu'il faut pénétrer pour apercevoir dans les petites salles basses des paquets tassés et sombres : ce sont les musulmanes, voilées comme dans la rue. Les verrons-nous jamais sans voiles? Dès qu'on approche, ce sont des galopades de savates traînées, des portes qui claquent, des voix qui chuchotent dans l'ombre : c'est l'effarement, malgré l'habitude imposée par le métier, de toutes ces femmes devant le roumi, devant l'être dix fois impur.

Enfin, cette « tournée des grands-ducs » se termine par la « maison européenne » : elle se cache au milieu d'un beau jardin, tout embaumé ; deux serviteurs indigènes en livrée courent devant les voitures, des lanternes à la main ; un perron, des salons éclairés doucement... les derniers salons où l'on cause. Vous doutez? Voici, correct dans son habit, étendu dans le large fauteuil sous la panka, le consul de..., le doyen du corps, fort occupé à convaincre d'on ne sait quoi une charmante petite Portugaise. Voici le colonel-major F... dont on aperçoit le teint coloré à travers des gazes légères; M. B..., directeur à Bombay de la succursale de la célèbre maison R... connue dans l'Inde entière; voici encore M. N..., H. V... et M..., membres du R. B. Y. Club. Voici encore dans ce coin plus sombre un jeune civilian qui fait une conférence animée à deux silhouettes attentives... Ce sont bien les derniers salons où l'on cause; que voulez-vous faire? Il fait si chaud! On y parle anglais, allemand, grec, russe, espagnol, à peu près toutes les langues d'Europe.

Me croirez-vous, si je vous affirme que je n'y ai pas vu de Française?

VI

Entre le chota hazri et le tiffin, j'ai fait avec
le très aimable Monsieur T... une excursion
dans les rues de la ville native, du « bazar »,
comme disent les Anglais. N'oubliez pas que sur
les 821 764 habitants de Bombay, il n'y a que
10 000 Européens; tout le reste est composé de
gens de couleur : hindous, musulmans, jaïns,
parsis, afghans, arabes, juifs, tantôt logés par quartiers, tantôt mélangés pittoresquement. Comme
dans toutes les villes indigènes, ils sont tassés,
serrés les uns sur les autres dans des maisons
étroites et des ruelles minuscules; c'est un fouillis inextricable.

C'est vous dire combien mon guide me fut précieux; d'ailleurs Monsieur T... connaît parfaitement ce dédale dans ses moindres détours; il

dirige à Bombay la succursale de l'importante maison d'exportation de graines oléagineuses, la maison J... F...; il envoie chaque semaine vers Marseille, Trieste, Dunkerque de nombreux cargos chargés de graines de sésame, de lin et de colza. Pour remplir ces bateaux, ses agents parcourent incessamment la ville native, visitent les quartiers indigènes, achètent le grain.

Il m'a fait assister aujourd'hui à une de ces opérations.

Dans l'échoppe longue, étroite, blanchie à la chaux et plafonnée très bas de vieilles poutres apparentes, où nous sommes entrés, on nous fait asseoir derrière une grande table; les saluts ont été compliqués, silencieux.

En face de nous, le long du mur, il y a un banc large et bas : c'est là, où, les jambes croisées, les courtiers s'accroupissent à la turque. Au mur, des images de dieux hindous, les figures de profil avec des yeux qui regardent de face, sont accrochées, violemment peintes; un cooli, assis par terre dans le fond obscur de la boutique, tire sur une corde qui agite la panka; et à chaque va-et-vient la poulie du plafond grince...

Tous les courtiers sont là. Les visages sont fermés, les gestes rares et les attitudes réservées. Que va-t-il se passer? Ces gens ont l'air d'être ici pour une cérémonie.

Mais l'affaire commence à se débattre avec précaution, les marchands parlent du « cours » ; ils manipulent avec un soin minutieux des petits tas de graines; la longue table est couverte de ces échantillons; à chaque instant, l'un d'eux bat en retraite, souple avec un sourire silencieux, d'un geste qu'il veut faire croire définitif; puis il revient, sort d'autres petits paquets de graines. A un instant décisif, chacun indique à son voisin, sous le vêtement, avec les doigts, un prix mystérieux que les autres doivent ignorer; c'est le dernier prix pour cent kilos de graines.

Les marchandages sont interminables autour de quelques annas...

Quand l'affaire est conclue, le courtier retourne s'asseoir sur le banc large et attend, impassible toujours.

Un courtier actif gagne de 3 000 à 3 500 roupies par an.

Au dehors, en face, tout le long de ces rues,

dans chaque alvéole de cette ruche immense, ce sont des affaires analogues. On trafique de tout, du riz, des cuirs, du thé, de l'opium, des laines, du café, de la laque; l'animation est extrême. Sur l'étroite chaussée, encombrée de piétons, les charrettes chargées de balles de coton, tirées par des zébus que conduisent des Hindous nus, se balancent en avançant lentement, toutes vers les docks.

Tout aboutit aux docks, aux quais, aux immenses halles où se concentre, avant l'exportation, l'énorme drainage de l'intérieur.

Monsieur T... m'y mène : il me montre les hangars immenses où sont manipulés ses grains avant leur départ; ce sont des Hindous qu'il emploie; les hommes travaillent de 6 heures du matin à 7 heures du soir, sans interruption, et touchent comme salaire pour ces treize heures de travail une roupie ou une roupie 8 annas (1 franc 65 ou 2 francs 45); les femmes, pour le même travail, touchent de 8 à 10 annas (0 franc 80 à un franc). La main-d'œuvre n'est pas chère, mais comme partout ailleurs elle tend à se relever : elle a doublé depuis quatre ans. Il est vrai que le « sabotage » n'existe pas encore ici.

Entre les hangars, dans les rues nettes à angles droits, le mouvement est intense. Toujours les charrettes à zébus chargées de balles pressées de coton se balancent; des wagonnets glissent sur des rails étroits; des trams à trolley sonnent pour faire ranger les lourds chariots.

« Voyez-vous, me dit Monsieur T..., c'est ici qu'il faut voir Bombay; c'est là qu'il faut le comprendre et l'évaluer. Vous vous rendrez compte ainsi du mouvement des graines : l'Inde en a exporté l'année dernière pour 7 785 000 livres sterling (1)... Bombay pour sa part en est pour les deux tiers; il est le premier port des Indes; il dépasse Calcutta qui devient de plus en plus le port d'échange avec l'Extrême-Orient et l'Océanie. Toute la production agricole, minière, manufacturée du Goudjerat, du Dekkan et de l'Hindoustan converge ici depuis que l'exploitation du *Great Indian Peninsular railway* est complète; examinez une carte des chemins de fer de l'Inde, vous verrez que, comme Paris dans votre France,

(1) Rapport sur le commerce de l'Inde.

Bombay est ici le point où aboutissent tous les réseaux; c'est aussi le point d'où partent presque toutes les lignes de navigation pour l'Occident avec un tonnage marchand double de celui de Calcutta...

« — Vous faites beaucoup d'affaires avec la France?

« — Pour nous, en ce qui nous concerne personnellement, la France est notre principal débouché, mais, c'est, je crois, un cas particulier, dans les exportations générales de l'Inde; votre pays nous prend seulement 6, 4 pour 100 du chiffre total enregistré (1)... il est vrai que c'est déjà respectable puisque, en produits du cru, en or, en argent, en réexportation nous avons relevé exacte 105 968 000 livres sterling l'année dernière, c'est-à-dire plus de deux milliards et demi de francs. Un beau résultat, n'est-ce pas?

« Et remarquez que 1909 a été une année exceptionnellement mauvaise; le pays, où le système d'irrigaton, si développé soit-il, est encore insuffisant, est particulièrement sensible aux

(1) Statistiques de 1909.

effets des saisons, et quand les pluies manquent, comme l'année dernière, la production est compromise... et l'exploitation s'en ressent. Ainsi, pour le coton, on a enregistré 13 179 000 livres seulement au lieu de 17 135 000 livres en 1908, et le déchet est, je crois, encore plus fort pour le blé.

« En ce moment, le mouvement a repris normalement et la densité des Docks est ce qu'elle doit être, ni trop forte, ni trop faible... »

* *
*

Tout en causant, nous avons dépassé le quartier des halles, laissant derrière nous les charrettes à zébus, les chariots, les portefaix, les milliers de manipulateurs, les collines de grains, les montagnes de balles de coton, les approvisionnements énormes de jute, de peaux, de riz, d'opium, et nous voici Esplanade Road. C'est la rue aux immenses « buildings », la voie moderne avec de larges trottoirs, des édifices somptueux, palais néo-gothiques, immeubles pour bureaux, grandes bâtisses couvertes d'affiches en toutes langues...;

on a par instants des impressions de Londres,
dans la City. Les gens ont l'air pressé..., cohue
cosmopolite qui parle tous les dialectes. Il y a là
des Européens en veston, des Persans, des Cinghalais, des Parsis mitrés, des nègres, des juifs,
mélange d'Asie et d'Europe où domine surtout
l'Hindou demi-nu, à peau brune, enturbanné
diversement. Et tous les petits métiers encom-
brant la chaussée, compliquant la circulation, les
« Barber shaver » en plein vent, les coolies qui
courent, avec, sur l'épaule, le bambou souple où
pendent des paquets, les filles indiennes de basse
caste qui dament la chaussée avec un air de bête
de somme, les « écrivains » publics appliqués
près de leur client...

Dans le plus beau « building » près d'Elphin-
tone Circles, M. T... a ses bureaux, à l'étage
le plus élevé. Le lift nous y conduit d'un bond.
L'installation est ultra-moderne, digne de Chicago
ou de New-York : mosaïques étincelantes, meubles
d'acajou brillant, dactylographes élégantes, personnel nombreux !...

C'est la netteté, l'activité poussées jusqu'à la limite de leur rendement, et partout, de bas en haut,

en face, tout le long de cette rue, de semblables
« offices » fonctionnent. Là est l'âme de la ville :
là siège cette volonté, qui, venue de loin, se
superpose à celle du pays, qui, d'ici, télégraphie
ses ordres au fond des provinces, arrache et
emmagasine leurs richesses, organise la vie nouvelle.

C'est l'Inde moderne qui commence à se subs-
tituer à l'ancienne.

AHMEDABAD

I

En arrivant à Ahmedabad, j'ai l'impression
d'être très loin déjà de la région de Bombay. Sur
le quai de la gare toute une extraordinaire population des Mille et une Nuits jacasse, crie, s'agite
en gestes désordonnés et violents ; des familles
entières sont campées, attendant là un train à
leur convenance. Un Indien de la basse classe,
surtout un Indien de la campagne, qu'il soit hindou ou musulman, sait rarement quel train il va
prendre, et quand il le sait, il le laisse souvent partir parce que c'est l'heure de sa prière ou de ses
ablutions ; il attend dès lors le suivant qu'il man-
quera pour n'importe quelle autre raison et cette

indécision dure ainsi parfois plusieurs jours. Quand c'est une famille entière dont tous les membres doivent partir ensemble, tout se complique naturellement. Et ils sont là des centaines, dans leurs costumes bariolés et sous leurs turbans aux couleurs gaies, avec l'infinie et si amusante variété des attitudes, vaquant paisiblement à leurs occupations, aussi tranquilles que dans les ruelles de leur bazar.

La gare d'Ahmedabad est d'ailleurs l'hôtel à choisir et je descends au bungalow où mon boy a retenu une chambre. C'est une sorte d'auberge terminus qui se compose de trois pièces garnies chacune de deux lits; là, en compagnie de jolis lézards verts qui dorment au plafond et tombent souvent sur la moustiquaire, on est très suffisamment bien installé pour passer une nuit; une seule, comme l'enjoint la pancarte que le patron goanais vous fait lire à l'arrivée.

Retiring Rooms attached to station on the BB and CI Railway can be occupied by Passengers for 24 consecutives hours, after which they must be vacated at the request of the Station master for any other Passengers who may require them.

Cette façon d'assurer l'écoulement des voyageurs, pour pratique et bien anglaise qu'elle soit, est parfois bien incommode!

Mais j'ai hâte de mieux voir cette population si amusante, si remuante, de pénétrer dans ces ruelles que j'aperçois d'ici, d'approcher de ces façades bizarres qui, de loin, ressemblent tant, avec leur premier étage surplombant le rez-de-chaussée, avec leurs poutres apparentes et leurs balcons en bois, à certaines maisons de Normandie et de Hollande. Et pendant que la voiture roule, pendant que mon regard s'accroche aux mille détails de la rue indienne, je ressasse les phrases du guide : « Ahmedabad, la ville des mosquées, fondée en 1412 par le sultan Ahmed Shah, d'où lui vient son nom, ancienne résidence des sultans du Gugerat, passée en 1753 aux Mahrattes, puis enfin aux Anglais en 1818..., ville de 150 000 habitants... »

C'est bien la cité décrite où la puissante influence mogole a dominé et duré, comme partout d'ailleurs où elle a pu s'exercer : le Mogol a été le grand civilisateur ; il a imposé ses monuments, ses mœurs, ses coutumes, son costume. Et ici surtout, l'Indien s'en souvient encore malgré les autres maîtres qu'il a depuis près de deux siècles.

Ahmedabad! Quelle délicieuse ville! Quelle animation! Comme la rue est gaie, diverse, captivante! Le soir, vers 6 heures, sans doute l'heure élégante, j'ai vu des costumes inimaginables : la même coupe habituelle, tunique longue et pantalon drapé, gros turban, mais avec des couleurs inouïes : violet tendre, vert turquoise, rouge safran; un jeune dandy vêtu d'une adorable redingote bleu pâle, d'un pantalon bouffant crème et de souliers de soie à la pointe relevée joue négligemment avec sa badine; toute sa race est inscrite dans la grâce nonchalante et nerveuse de sa jolie personne. Et au milieu de ces mille nuances, des musulmans en blanc, le vêtement taché de rouge, avec la main de l'Islam plaquée en rouge surtout dans le dos. Quelle variété dans les physionomies! Quelle richesse de tons et de mouvements!

Beaucoup de passants mâchent le bétel et l'œil se fixe malgré lui sur ces bouches rouge vif, tant elles évoquent la fadeur écœurante de ce qu'elles triturent; une femme âgée fume une courte pipe; de graves musulmans, barbus et dignes, échan-

;ent de longs et lents saluts. Soudain, la foule
;'écarte un peu ; c'est un principicule indien qui
;'avance dans un costume très riche, très voyant,
précédé d'un porte-sabre, suivi de plusieurs di-
gnitaires, isolé par le respect au milieu de ce cor-
ège.

Les femmes surtout sont exquises et délicieuses
à regarder. Vêtues du cache-seins qui laisse voir
la taille jusqu'à la ceinture, les jambes nues, elles
ont des draperies de deux tons de même couleur,
onquille sur safran, cramoisi sur nacarat, gros
vert sur sinople, le plus souvent deux coloris très
vifs qui s'harmonisent, et rien n'est charmant
comme la grâce qu'elles mettent toutes à porter
le vase de cuivre. Elles se voilent précipitamment
devant l'étranger.

Partout de la richesse, de la vie exubérante.
Dans Ahmedabad il y a des fabriques de tapis, de
bijoux. On me montre plusieurs villas, dont quelques-unes splendides, appartenant à d'opulents
producteurs textiles : l'un, Nager Set, possède
huit maisons immenses ; un autre, Ambalaba
Sambez, qui mariait sa fille ce jour-là, avait garni
son palais de drapeaux, d'oriflammes, et ces cou-

leurs voltigeantes rivalisaient d'éclat avec les costumes des invités.

Dans les rues, beaucoup de garris à deux roues, sortes de tonneaux couverts et bariolés d'enluminures vives. Un enterrement hindou : le corps, porté sur une civière frêle, la tête découverte, le reste du corps disparaissant sous une épaisse couche de fleurs, est conduit en hâte vers le bûcher, ballotté sur les épaules des porteurs; derrière lui, des hommes en belle toge suivent en allongeant le pas.

Je n'ai pas vu un seul Européen, pas un seul sang-mêlé dans cette foule multicolore; en général les hommes sont beaux, bien d'aplomb et grands avec des attitudes de noblesse et de courtoisie. Les musulmans m'ont paru un peu agressifs vis-à-vis de l'étranger, les Hindous au contraire se montrent souples et polis; presque toujours les physionomies sont vives, intelligentes et les regards curieux.

II

Il y a bien une quinzaine de mosquées à Ahmedabad, depuis la Jumma Musjid jusqu'à la Rani
Sipri, en passant par celle de Shuzat Khan, de
Sidi Saïd aux délicats panneaux de pierre ajourés,
de Shaik Hasar Muhammad Chisti, de Muhafiz
Khan. Je n'ai pas le courage de les visiter toutes.
Je n'aime guère les mosquées; ces éternelles
cours nues et dallées, garnies d'un cloître et du
traditionnel bassin aux ablutions piqué au
centre, ces salles froides supportées par des
colonnes tristes et raides, ces murs vides d'ornements m'attristent et m'ennuient. Notre âme latine
ne conçoit guère les actes religieux sans objet du
culte; il nous faut un autel, des images, de l'encens et des chants pour aider à notre prière. Ici
rien de tout cela : sur le sol de la mosquée des

dalles indiquent à chacun sa place où le musulman prie et se prosterne en silence; c'est froid et
désolé. Et puis il me semble toujours absurde de
ne pouvoir pénétrer dans ces lieux sacrés que
marchant sur mes chaussettes et casque en tête :
quelle déplaisante coutume d'indiquer son respect
avec ses pieds en gardant son front couvert !

J'aime mieux les temples hindous, ils sont plus
variés et plus près de nous.

Celui d'Hati Sing est en bordure de la route.
Une grosse porte de bronze parsemée de clous à
têtes ornées dans un épais mur de clôture donne
accès à une cour intérieure; là, des groupes d'Hindous sont accroupis à l'ombre de grands arbres.
Une deuxième enceinte et c'est le temple; il
s'avère délicieux et la délicate architecture jaïne
du péristyle à colonnes du cloître procure une
exquise émotion d'art. Il est 8 heures et demie à
peine et le temple est plein de fidèles, hommes et
femmes; ce sont des jaïns athées qui honorent
Jina, le Victorieux du Péché; ils appartiennent
presque tous aux classes cultivées et riches; leur
religion fondée par Mahavira en 526 avant Jésus-
Christ est analogue au bouddhisme et comme lui

conclut au Nirvàna; les jaïns sont plus d'un million aux Indes, surtout dans le Guzerat et dans le Radjpootana.

L'air embaume l'encens et les fleurs. Tout autour, dans le cloître à galeries, des chapelles fermées de grilles dorées exposent chacune un Bouddha : il y a ainsi sept cents statuettes au total, plus ou moins grandes, mais toutes en marbre blanc relevé d'ornements dorés et identiques; au-dessus de chaque chapelle, une coupole plantée d'une oriflamme.

Après avoir fait le tour de la galerie, je peux pénétrer dans le sanctuaire même où prient avec ferveur et démonstration des prêtres de Bouddha; ce sont de beaux hommes à l'air noble et calme, vêtus de toges blanches bien drapées. Au fond de la salle, trois grandes niches à grilles très ornées : celle du milieu est ouverte et laisse voir un autel surmonté d'un gros Bouddha doré enguirlandé de gardénias et de roses sauvages; des lumières parsemées et tremblotantes dans le fond de cette stalle agitent des ombres qui animent l'idole d'une expression de vie; une douce odeur faite du parfum des roses, du bois de santal et de l'encens flotte avec persistance; l'aspect de la salle impressionne par son calme, sa richesse tranquille.

C'est un peu troublant d'être seul, dans ce temple, de se sentir si différent de tous ces jaïns à l'air grave et, dois-je le dire, je me trouve ridicule avec mon casque, mon complet de tussor et mes souliers jaunes près des longues toges blanches si bien drapées sur ces beaux hommes de bronze, et c'est avec respect que, m'approchant sur la pointe des pieds, je dépose mon offrande à la grande idole dorée.

III

A quelque distance de la ville, un étang en
pleine campagne indienne, bordé de berges her
beuses. De maigres arbres trempent leurs branches dans l'eau noire ; un ancien embarcadère
musulman, tout en ruines, met là sa note triste
de très vieille chose inutile. Autour, du calme et
de la chaleur : une chaleur terrible qui souffle au
visage une haleine embrasée de four ; la transpi-
ration s'évapore à mesure et la peau reste sèche
et brûlante.

Soudain, un grand singe gris, à quatre pattes,
la queue relevée, arrive en sautillant, souple et
agile, puis une petite guenon, puis une autre ; en
voici dix, vingt, il en dégringole de partout, des
branches des arbres où ils se balancent avec une
incroyable agilité ; les gestes sont d'un comique

irrésistible, les jeunes mères tiennent leurs petits sur leur ventre, les toutes jeunes s'approchent craintives et frêles; et les attitudes pour flairer les graines que je jette sont aussi amusantes que les physionomies. Les dents croquent, les graines craquent; toute la bande est assise à présent et j'assiste au repas de mes nouveaux amis. Une toute jeune et délicate guenon prend de sa petite patte des graines dans ma main que je lui tends et dans ce mouvement elle fixe mes yeux comme pour se rendre compte de mes intentions. Mais voici de nouveaux hôtes : deux jeunes chiens à museaux pointus, un gros oiseau à crête, trois écureuils tout zébrés viennent prendre leur part de cette manne insolite. Et tous s'entendent très bien; seul le gros mâle goulu et hargneux reste un peu isolé, faisant le vide autour de sa pitance.

La scène est d'un autre âge, pleine de charme et d'imprévu; vraiment je suis loin de tout ici. L'étang se ride légèrement sous la brise tiède, les arbres balancent faiblement leurs branches et les vieilles marches de pierre semblent s'animer sous le sourire élargi de l'ondulation de l'eau.

IV

Pendant le séjour que je fis à Ahmedabad, j'entendis souvent parler du dernier attentat des terroristes hindous qui avait eu lieu dans cette localité. Le 14 novembre précédent lord et lady Minto passaient en voiture dans les rues de la ville, lorsque deux bombes furent lancées vers eux; l'assassin, qui, bien entendu, court encore, avait dissimulé ses engins à l'intérieur de deux noix de coco, ce qui lui avait permis de circuler tranquillement sous les yeux de la police. Le sable très mou du sol sur lequel roulait la voiture empêcha seul une catastrophe (1).

Ce n'est pas la première fois que les anarchistes hindous s'attaquaient tant aux colons et aux fonc-

(1) *Comité de l'Asie française.*

tionnaires qu'aux policemen et aux auxiliaires indigènes de la police anglo-indienne.

Quelque temps après l'attentat contre lord Minto, on apprenait avec émotion qu'un fonctionnaire anglais venait d'être assassiné à Nasik, ville de pèlerinage de la présidence de Bombay. Alors qu'il sortait, en compagnie de quelques amis, du théâtre indigène, ce fonctionnaire fut tué par un jeune brahmane de dix-huit ans, à coups de revolver. C'était pour venger, paraît-il, un autre brahmane de Nasik, nommé Ganesh Damodar Savakar, puni de la transportation à perpétuité pour crime de sédition et d'excitation à la rébellion contre le roi.

A la fin de janvier, le 24, un indigène, cette fois, Shams Ul Allam, musulman, inspecteur de la police chargé de l'enquête sur les bombes de Manitktolla, est tué à Calcutta en plein conseil.

Lorsque, plus tard, je passai à Calcutta, on venait de découvrir un complot, qui fort heureusement avait avorté, où, pendant un déjeuner donné par le président du Bengale, tous les convives, à un signal donné, devaient être étranglés par les serviteurs hindous placés derrière chacun d'eux; la dénonciation d'un traître, une heure avant le repas, révéla à temps le danger et fit licencier sur l'heure tout le personnel.

Il faut remonter jusqu'en 1905 pour trouver les débuts de ce mouvement terroriste qui eut son origine à Calcutta lors des manifestations provoquées par le partage du Bengale. Les anarchistes hindous empruntent les procédés modernes de leurs collègues d'Europe et, à l'insu de la police, de véritables ateliers sont créés où l'on fabrique des explosifs.

M. Charles Mourey a retrouvé dans les journaux anglais les attentats commis dans ces quatre dernières années, et rien n'est plus intéressant que la liste qu'il en donne qui permet d'apprécier justement l'étendue du mouvement criminel (1).

1907

6 décembre. — On tente de faire sauter un train dans lequel se trouve le lieutenant gouverneur du Bengale.
13 décembre. — Meurtre de M. B. Allen, fonctionnaire civil à Goalanda.

(1) Charles MOUREY, *les Données du problème anglo-indien.*

1908

15 mai. — Une bombe lancée sur une voiture à Mouzzafarpur, dans le Bengale oriental, tue deux dames anglaises et leur cocher.

31 août. — Dans la prison d'Alipur, l'un des accusés compromis dans l'affaire précédente est tué par ses codétenus qui le soupçonnent d'avoir révélé à la police les dessous de l'affaire.

21 juin. — Une bombe lancée contre le train-poste du Bengale oriental blesse grièvement deux hommes.

7 novembre. — Tentative de meurtre du lieutenant gouverneur du Bengale, sir Andrew Fraser, pendant une conférence à Calcutta.

13 novembre. — On trouve dans les rues de Calcutta le cadavre percé de balles d'un détective indigène du Bengale.

24 novembre. — On lance une bombe contre un train dans lequel se trouvait M. Hume, « public prosecutor » du Bengale.

1909

10 février. — Un « public prosecutor » qui siégeait dans le procès d'Alipur est tué en plein tribunal par un étudiant.

11 février. — Deux bombes sont lancées contre un train dans lequel se trouvait un autre « public prosecutor ».

15 juillet. — A Londres, au sortir d'une conférence, le colonel sir Curzon Willie, aide de camp du secrétaire d'État et le docteur Lalcaca, sont tués par un étudiant hindou nommé Dhingra.

14 novembre. — Deux bombes sont lancées à Ahmedabad sur la voiture dans laquelle se trouvaient le vice-roi et lady Minto.

21 décembre. — Meurtre de M. Jackson, administrateur à Nasik.

1910

24 janvier. — Un inspecteur de police indigène musulman qui avait eu à s'occuper de l'affaire des bombes de Maniktollah est tué en pleine audience de la Haute-Cour à Calcutta.

On le voit, on se trouve en face d'une véritable organisation dont la police ne soupçonne l'importance qu'en 1908. Les anarchistes utilisaient les bandes de volontaires nationaux et dès qu'un chef de Samiti se montrait un peu actif, ils le soutenaient et le dirigeaient. Des journaux, le *Jugantar,* le *Kesari,* écrit en vernacular, le *Mahrata*, publié en anglais, firent une active propagande. L'éditeur de ces deux derniers journaux, Bal Gangadhar Tilak, plusieurs fois condamné, jouit de la plus grande popularité dans le parti Young India.

En 1907, le parti des violents bouleversa le Penjab par ses tentatives de débauchage des régiments indigènes et deux des principaux agitateurs, Ajai Singh et Lajpat Rai, furent arrêtés et déportés en Birmanie.

Le *Temps* annonçait, le 4 août dernier, que la police hindoue venait de découvrir à Dacca, dans le Bengale oriental, l'existence d'une conspiration dirigée contre le gouvernement anglais. Cette affaire paraît croître chaque jour en importance; un nombre considérable d'arrestations ont été opérées entre le 3 et le 7 août, dans toute la province, à Silhet Dinajpur, Rangpur, Jessore, Mymensingh, Barisal, Farispur, Kartickpur, Calcutta. La police a saisi une masse de documents, lettres ou journaux, sans compter les armes, des machines à fabriquer des cartouches... Les perquisitions continuent. On a fouillé le 16 août la maison d'un ancien député, Krichna Kamar Mitter, où l'on a trouvé, à défaut d'armes, des documents de nature compromettante et des lettres de certains députés anglais, ou anciens députés, tels que sir Henry Cotton, connus par leurs sympathies hindoues... L'étendue et la portée de ces différentes découvertes ne seront connues qu'au moment où s'ouvrira à Dacca un procès qui promet d'être retentissant. Quarante-deux personnes sont inculpées.

Il semble en effet que le gouvernement de l'Inde se trouve en présence d'une vaste entreprise secrète dont les ramifications s'étendent déjà hors du Bengale, dans toutes les provinces remuantes de l'Inde. Dans un discours prononcé le 1ᵉʳ août dernier, M. Montagu, sous-secrétaire d'État pour l'Inde, s'est efforcé, il est vrai, de nier la gravité de ce fait nouveau. D'après lui le gouvernement ne ferait que poursuivre une association connue depuis longtemps et composée en majeure partie de jeunes gens influençables. Toutefois, certains des accusés sont des hommes âgés et importants, notamment Pulin Behari Das, qui avait été déporté à la fin de 1909 et gracié en février dernier et qui passait pour n'avoir aucune attache avec le mouvement anarchiste. Plusieurs associations, les unes récemment supprimées, les autres encore tolérées, sont compromises à la fois dans ce même procès. Les inculpés sont presque tous accusés d'avoir préparé la guerre contre l'empereur-roi, d'avoir publié des écrits séditieux et violé les récentes lois sur la presse et sur les réunions.

Cependant, il faut le dire, l'exposé précédent est plus inquiétant que ne l'est la réalité des choses, et à trop grouper les faits, on risquerait de tirer de ce groupement des conclusions sinon erronées, du moins exagérées.

Le mouvement terroriste est en effet limité à une minorité d'anarchistes agissant et l'organisation n'atteint pas les masses profondes de la population. Les ruraux, de beaucoup les plus nombreux, 265 millions contre 29 millions de citadins, d'après le census de 1901, ne semblent pas atteints par la contagion et sont toujours de loyaux admirateurs du sahib.

AJMERE

I

J'ai voyagé aujourd'hui entre Ahmedabad et Ajmere. Tout le long du trajet, sur le fond monotone de la campagne plate, des tableaux animés défilent que l'œil enregistre au vol : scènes champêtres, scènes pastorales où tous les acteurs sont indiens ; ceci surprend d'abord et l'on ne réalise que plus tard la notion qu'il est naturel qu'il en soit ainsi ; dans les villes, il y a toujours quelques Européens et ils y occupent le premier plan ; ils y jouent un rôle actif et prépondérant : on en oublie un peu l'indigène — ici au contraire, on ne voit que lui ; on touche du doigt son nombre, sa vitalité, son labeur patient et silencieux ; et il semble étrange de voir agir, travailler et peiner seuls ces êtres de couleur que l'on conçoit surtout dirigés et commandés ; pendant longtemps, j'ai cherché d'instinct le « blanc » dans cette foule rurale.

Les Indiens pullulent dans les champs, sans parvenir à rendre vivantes ces immenses steppes grises ; des troupeaux de buffles, de vaches zébus nous regardent passer ; des bandes de chèvres, de moutons semblent errer en liberté sur ces prairies sèches et poudreuses ; des paons par centaines déploient leurs « roues » en jetant des cris rauques ; des troupes de singes étonnamment agiles gambadent le long de la voie, et du gibier, faisans dorés, lourdes cannepetières, gros oiseaux inconnus, s'envole des buissons, d'un coup d'aile effaré...

En dépit des singes, des paons, des troupeaux, tout ce trajet devient monotone à la longue ; le paysage, presque européen, se répète indéfiniment et c'est pendant des kilomètres le même terrain uni, fermé au loin par des collines brumeuses, la même plaine triste qui se déroule sous le soleil ; presque pas d'arbres ; on ne soupçonne même pas que la forêt ait jamais pu exister ici ; tout est

au et nivelé ; çà et là, une maigre pépinière de
rênes ou d'acacias indique un essai de reboise-
ment.

On est un peu déçu, irrité aussi de voir cette
contrée si semblable à tant d'autres. Comme la
réalité est loin des prestigieuses visions de l'imagination ! Est-ce donc là ce pays de féerie, de
fantasmagorie échevelée de nos rêves d'enfant?
Naïvement, depuis mon arrivée je cherchais la
jungle, la jungle épaisse et mystérieuse de Kipling ;
je rêvais d'une végétation luxuriante et grasse, de
puissantes forêts de palmes, de troncs et de
lianes enchevêtrés à foison, de feuillages fous, de
fleurs de rêve au milieu de fourrés monstrueux et
perfides... ; je m'attendais à un pays de beauté
et de mystère... Je n'ai vu que des formes fami-
lières et paisibles, vastes ondulations brumeuses,
champs cultivés en rectangles, paysages incolores
et mornes sans grâce et sans beauté. La floraison
tropicale ne jaillit que dans une infime partie de
l'Inde, confinée sur les bords du Gange ou de la
Péninsule. Tout le reste est décevant.

Il y a quatre-vingts ans, Jacquemont consta-
tait déjà « qu'à l'égard du pittoresque l'Inde est

pauvrement partagée ; sans doute l'Himalaya proteste contre cette assertion et cent endroits la démentent. Pourtant elle demeure en partie exacte ; où rencontrer le pittoresque dans un pays de deltas et de plaines monotones? Comment espérer trouver l'art chez des populations pauvres ou appauvries, aux besoins si limités et aux goûts si humbles? Qu'attendre d'une terre dont on peut dire qu'elle est le pays des dynasties renversées et des civilisations détruites (1)? »

Pauvre terre de l'Inde, à la destinée si ingrate et si dure! Le jour, elle languit, écrasée sous l'effrayant soleil et puis, subitement, sans transition, sans crépuscule, sans ces instants indéfinissables et charmants où chez nous elle s'endort sous les dernières caresses des rayons de l'astre, elle subit le frisson de la nuit. Pauvre terre de l'Inde où l'eau manque le plus souvent, à qui seule une irrigation compliquée permet quelque fertilité ; terre de sécheresse et terre de fièvre ; terre de feu aussi où le thermomètre peut marquer jusqu'à plus de 60° centigrades ; terre de tristesse, pleine de légendes et

(1) Jacquemont, p. 27.

de ruines, faite des cendres et de la poussière des
anciens peuples...

*
* *

A la station de Weshana, embranchement vers
Patan, mon boy vient faire la toilette du compartiment ; il pose, enveloppés de laine, de gros blocs
de glace, dans les trous aménagés du plancher,
rafraîchissoirs ambulants qui tempèrent la chaleur et frappent... les flacons de soda ; il pousse
des boutons et l'eau coule sur les vitres de paille ;
il met en marche les ventilateurs. Des coolies nus,
enturbannés, juchés sur des échelles, déversent
dans le réservoir de la salle de bain l'eau claire de
leurs outres en cuir ; on m'offre de grandes grappes
de bananes...

Tout ceci en vérité est bien compris et les
wagons anglais sont logiquement adaptés à
l'atroce climat ; on peut y vivre commodément
des journées et des nuits entières : larges ban-
quettes cannées pour s'étendre ; vitres bleutées
qui tamisent l'ardente lumière ; c'est confortable

et net ; partout l'employé se montre empressé, poli et le service, fait presque exclusivement par des Indiens, est parfait.

L'aspect des compartiments de première classe, où seuls montent les Européens et les natifs de haute caste, est toujours curieux ; l'Anglais, qui s'installe partout comme chez lui, prend ses aises dès qu'il est en wagon ; il enlève son casque, sa veste, son col, retrousse ses manches au-dessus du coude et dégrafe violemment sa chemise qui laisse la poitrine nue... Cela s'explique parce que les voyageurs sont rares, qu'il est seul le plus souvent et que les « ladies » ont des voitures réservées. Ce manque de tenue ne choque pas ; il a même une certaine allure par le dédain qu'il exprime de la foule native ; qu'un riche Hindou, qu'un musulman notoire vienne à monter, la situation ne change pas : l'Anglais reste étendu, sa courte pipe de bruyère à la bouche, sans paraître apercevoir son compagnon de voyage : morgue hautaine le plus souvent, mépris affecté et voulu quelquefois ; ces procédés ne nuisent pas, au contraire.

Aux arrêts, c'est encore plus amusant : le

voyageur britannique descend du train, habillé et
correct cette fois ; les mains dans les poches, il va
droit à la sortie, sans se préoccuper de ses bagages :
il sait que derrière lui trois, quatre, cinq, dix
coolies se précipiteront pour prendre sacs et va-
lises, qu'il retrouvera le tout à sa voiture dès qu'il
y arrivera lui-même ; pas de pourboire naturellement ; il ne remercie même pas. N'est-ce pas suffisant de servir « Son Honneur » ?...

II

Encore une nuit dans le « dack-bungalow » de la station ; il est identique à celui de la gare d'Ahmedabad ; évidemment tous les terminus du « Bombay, Baroda and Central India railway » sont d'un modèle unique et ont été construits en même temps que la voie ferrée. Rien d'autre à choisir d'ailleurs, car Ajmere ignore encore les hôtels ; c'est une toute petite ville où je ne m'arrête qu'avec l'espoir d'y trouver, plus que dans les grosses cités, un peu de pittoresque local.

Cette capitale d'un district anglais isolé dans le Radjpootana est tassée au fond d'un entonnoir de collines roses. Elle ressemble, avec ses modestes maisons à toits plats, à une ville arabe : on pense à un quartier de Tunis ou du Caire, qui serait plus coloré, mieux éclairé ; à l'heure très matinale où je sors, les cubes blancs des maisons, les dômes vernis des mosquées aveuglent déjà de leur clarté.

Dans les ruelles capricieuses, une foule circule, active, animée; les hommes, flexibles et minces, se coiffent de gros turbans à large bande flottante; la plupart des femmes sont jolies et leur visage est à peine voilé; toutes sont gracieuses; le bras levé, qui maintient sur la tête le vase de grès à raies dorées, s'arrondit joliment et ce bambin, à califourchon sur la hanche, ne trouble pas l'harmonieuse démarche de cette jeune Hindoue.

Il paraît que les Anglais ont ici des troupes, mais on ne les voit pas : elles sont casernées assez loin, quelque part sur les collines roses d'alentour et les hommes descendent rarement en ville.

Aussi nulle fausse note dans ces tableaux de pur Orient, dans le spectacle des venelles biscornues, des carrefours irréguliers où le décor, sur quelque face qu'on le regarde, est « réussi »; nul rappel d'Europe qui semblerait ici un anachronisme. Tout en effet ramène la pensée vers d'autres âges, bien loin en arrière, jusqu'aux époques de notre Bible.

Ces femmes, si bien groupées autour de l'eau claire de cette fontaine, ont les gestes, les attitudes que la tradition accorde aux filles de Judée et de Galilée...; la norme est pareille, si le costume diffère; et encore, c'est sans doute le même soin précieux à se draper, la même grâce innée à disposer les plis du voile. Ces marchands, sous l'énorme portail, à l'ombre bleue de la mosquée, n'évoquent-ils pas les vendeurs du Temple? À chaque pas, c'est une analogie retrouvée, un rapprochement qui s'impose; de toute évidence ces gens, que le progrès moderne n'a pas touchés, vivent aujourd'hui encore, en d'identiques conditions de civilisation et de climat, la vie étroite et simple de leurs pères. On retrouve là véritablement des anneaux de la chaîne qui nous unit aux temps passés.

Avec l'heure, le mouvement s'accentue et tout s'encombre : des chameaux à la file s'avancent nonchalants, onduleux sous les lourdes charges qui frôlent les murs; un troupeau de chèvres, masse mouvante, s'élargit ou s'allonge au gré de

la ruelle; un cortège bizarre défile : en tête, un
Indien, long vêtu, frappe violemment une grosse
caisse; derrière lui, marche avec solennité un
grand personnage, robe rouge vif, large ceinture
rose, turban saumon; à sa suite, des hommes,
en rose, en rouge aussi, se pressent, très graves,
impassibles...

Tout ce peuple semble heureux; la petite ville
entière chante, crie..., partout des mélopées, des
refrains, des cantiques dans la lumière incan-
descente et blanche...

* * *

Il existe cependant à Ajmere un édifice européen : c'est l'hôpital-dispensaire. Certes il fait
tache au milieu des maisons indiennes et sa vue
rompt brusquement le charme; mais on ne peut
en vouloir à la mission qui l'a fondé : Church
Missionary Society, Society for the propagation of
the Gospel ou quelque autre, car elle l'a fait dans
un but infiniment louable : répandre parmi les
indigènes la confiance pour les connaissances

médicales d'Occident et leur donner sans rétribution les secours constants de la thérapeutique moderne. Ça n'a pas été sans peine et la population commence seulement à se fier aux méthodes de traitement européennes.

Des hôpitaux ont été ainsi créés un peu partout par l'initiative privée, l'État anglo-indien n'intervenant que timidement sur de rares points du territoire. Dans l'Inde, rien d'analogue à notre « Assistance médicale aux Indigènes », qui fonctionnne dans nos colonies d'Afrique et d'Asie; par contre, des sociétés, des missions volontaires ont rivalisé de zèle et de dévouement et sont arrivées à des résultats remarquables. Elles sont très nombreuses : la Zenana Mission, qui soigne les femmes hindoues, la Free Church of Scotland, les missions presbytériennes, méthodistes, baptistes, la Women's union, la London Missionnary society, l'Armée du Salut, les missions luthériennes de Bâle, la mission morave. Des écoles de médecine sont ouvertes, telle la North India Shool of medecine for Christian Women.

La lutte contre la maladie, contre la misère s'organise ainsi peu à peu, et avec succès; bientôt l'Inde sera à l'abri des furieuses épidémies qui la ravageaient naguère et, résultat plus grand encore, une transformation mentale profonde s'accomplit dans les populations sous l'effort de cette sollicitude ; transformation acquise par la seule persuasion de la charité désintéressée et dont les conséquences ne peuvent qu'être heureuses.

*
* *

Hors la ville, au centre d'un beau parc orné de kiosques, de minarets, on aperçoit un bel établissement, moderne lui aussi : c'est le collège, fondé par lord Mayo ; les nobles, les riches familles natives de la contrée y envoient leurs fils qui apprennent là l'anglais, l'hindoustani, le persan et un peu de sanscrit ; on y professe aussi des cours d'arithmétique, d'algèbre, de géométrie, d'histoire et de géographie : ce qui caractérise le programme des études, c'est qu'il se propose moins de faire acquérir une instruction étendue, qui en fait est sommaire, que de donner une bonne éducation ; il façonne aux belles manières, au bon ton, aux devoirs, compris à l'anglaise, de la vie moderne ; le reste vient après.

Il n'y a pas très longtemps que le gouvernement de l'Inde s'est mis à envisager sérieusement le problème de l'éducation des indigènes et les moyens méthodiques à employer. Ce problème, d'ailleurs connu dans toutes les colonies, se présente hérissé de difficultés, de questions de principe qu'il importe de résoudre avant toute entreprise. Et d'abord, doit-on donner de l'instruction aux indigènes? Si oui, que doit-on enseigner? les connaissances orientales actuelles ou la science européenne? En quelle langue faut-il faire cet enseignement? En anglais ou en vernacular (1)? Enfin, à quelle classe de la population, à la masse entière, ou à une élite seulement?

Toutes questions délicates par les conséquences, par les difficultés impossibles à prévoir qu'elles peuvent susciter.

Les Anglais ont hésité longtemps, jusqu'au jour où un homme de grand savoir et de volonté

____

(1) Le mot « vernacular » indique d'une façon générale la langue ou plutôt le patois de la région.

rme, Macaulay, osa, comme président du Con-
il d'éducation du Bengale, orienter les idées de
s compatriotes vers les résolutions suivantes :
nseigner à tous le maximum possible de science
cidentale; employer exclusivement la langue
nglaise.

Les principes étaient posés; la pratique fut
ngtemps incertaine et confuse; l'argent man-
ait pour de si vastes projets; et puis, de suite,
se heurtait à un écueil : la masse du peuple
norait totalement la langue anglaise, il fallait la
apprendre. Et de nouveaux problèmes de sur-
r : à qui confier cet enseignement préalable de
langue? à des professeurs indigènes ou à des
ofesseurs européens?... On dut se contenter
bord de s'adresser aux classes élevées, déjà
mpues au langage britannique.

Aujourd'hui la plupart de ces questions sont en
ie de résolution. L'Inde anglaise possède des
iversités, des collèges, des écoles où les indi-
nes, aux différents échelons, reçoivent un
seignement supérieur, secondaire ou primaire.

Les universités, au nombre de cinq, à Bombay,
lcutta, Madras, dans les Provinces Unies et

dans le Pendjab, ont pour but de contrôler de façon générale l'instruction en faisant subir les examens et en accordant des diplômes. L'enseignement supérieur est donné dans les « colleges of arts », particulièrement nombreux au Bengale où l'on en compte une soixantaine alors qu'il n'en existe guère que cent cinquante sur tout le territoire, y compris la Birmanie. Il est médiocre. Le corps enseignant, composé en majorité d'indigènes (l'argent manque toujours pour attirer les maîtres d'Europe), est peu qualifié pour répandre avec succès la science occidentale et surtout il s'adresse à un public d'étudiants assez mal doués, attirés là bien plus par la chasse au diplôme, qui donne accès dans l'administration publique, que par le désir désintéressé d'acquérir des connaissances. Aussi cette insuffisance des maîtres et cette faiblesse des élèves ont-elles contribué à maintenir assez bas le niveau des leçons. — L'enseignement secondaire n'est guère plus relevé; il correspond à peu près à notre enseignement primaire; comme programme : l'anglais, un peu d'arithmétique, l'histoire et la géographie, des notions de sanscrit ou de persan.

M. Joseph Chaillet et sir William Meyer, dans leur remarquable et si consciencieux ouvrage *l'Inde britannique,* indiquent qu'en 1901 il existait aux Indes 5 493 écoles secondaires avec 523 000 élèves. Quant à l'enseignement primaire, on peut affirmer qu'il est insuffisant, mal compris et de résultats déplorables. Les Anglais eux-mêmes le reconnaissent. On m'a expliqué que les programmes étaient mal faits, mal adaptés à leur fruste clientèle et sans attraits pour elle; que le corps des instituteurs, tous indigènes, était plus que médiocre, parce que mal rétribué; que le prix, bien minime cependant, à payer par chaque élève pour assister aux leçons, éloignait les plus pauvres, c'est-à-dire les plus nombreux; qu'enfin, dans ce pays de misère, une considération plus impérieuse que le désir de s'instruire, la lutte pour le pain de chaque jour, privait l'école des meilleures volontés.

*
* *

Non loin du collège Mayo, la voiture s'arrête

devant une grande porte d'un bleu d'*outremer* brutal : cette porte donne accès dans une sorte de petite ville, c'est là le « Khwaja Sahib's Dur-gah », le tombeau du saint Khwaja ou Khodja, vénéré de tous ici pour les légendes dont on pare sa vie. Le seuil franchi, c'est une grande cour de marbre où sont disséminés des tombeaux, des salles de réunion, des chapelles ; çà et là, jaillis-sant du dallage, des arbres, des lampadaires, et à travers le tout des Hindous, des musulmans qui se groupent, se promènent, ou s'étendent pour dormir. On dirait un lieu de promenade, un square très fréquenté. Au centre, le mausolée du saint. On aperçoit la châsse recouverte de draps d'or qui renferme les restes du Khodjah ; au plafond, des lustres de cristal, des lanternes par douzaines..., c'est clinquant et laid.

Le plus curieux dans tout ceci, c'est l'attitude de François, mon boy ; comme lui seul parle français dans mon entourage, c'est à lui que je confie mes impressions ; parfois aussi je lui demande les siennes, mais le plus souvent je suis assez mal reçu. François est chrétien, « chris-tian », comme il dit, et ne peut comprendre que

j'admire ces « païens ». Pour lui, tous ceux qui
ne sont pas de sa religion, bouddhistes, hindous,
parsis, musulmans, jaïns, sont des païens. On
lui a inculqué autrefois à l'école des missionnaires chrétiens cette conception simpliste d'un
paganisme universel et général; il l'a acceptée
sans contrôle et depuis n'a rien fait pour la modi-
fier; lui seul et ses coreligionnaires sont dans la
vérité… tout le reste n'est qu'une vague humanité égarée et méprisable. C'est amusant de constater à quel point ces idées embryonnaires sont
imprimées dans sa cervelle étroite, et il se fâche
tout… noir (j'allais dire tout rouge) quand je l'en
plaisante doucement. D'ailleurs inutile de l'inter-
roger sur les dogmes primordiaux du *credo* qu'il
proclame : il n'a sur eux que les notions les plus
vagues et les plus hilarantes de fantaisie. J'espère
pour les efforts de nos dignes missionnaires que
l'éducation des deux millions et demi d'Indiens
convertis (catholiques, protestants ou syriens)
n'a pas donné pour tous un résultat aussi décou-
rageant.

La prédication atteint surtout les Hindous, et les
Hindous du petit peuple; les musulmans n'y

prêtent aucune attention. Elle se fait, soit directe-
ment, soit par l'intermédiaire des brahmanes. Le
christianisme est pour les basses castes un moyen
d'émancipation et c'est là une des rares raisons
qui permettent quelque succès aux missionnaires,
aux « padri », comme on les appelle. Mais ce
culte ne semble pas appelé à un grand développement dans ce pays où l'instinct religieux, mûri
depuis de longs siècles, trouve autour de lui,
dans les spéculations les plus hautes de la pensée
humaine, des formes aussi pures et aussi élevées
que celles qu'on lui propose.

Il serait plutôt absorbé par ceux existants, tels
l'hindouïsme. Les brahmanes sont prêts à donner dans leur panthéon hindou une place au
Christ, dont ils admirent la doctrine.

Pour terminer la journée, visite de Puskar, à
sept milles d'Ajmere. Après la campagne aperçue
dans ses grandes lignes à travers les vitres d'un
express, la campagne vue de près, le long des
méandres d'un petit chemin poudreux. Pendant
près d'une heure la route serpente à travers un
pauvre pays aride, entre des monticules de sables

louvants. La poussière rend tout gris : les buis-
ons, les arbres et les rares piétons que l'on ren-
ontre; elle envahit tout, pénètre jusque dans la
ouche où elle craque sous les dents, dans les
eux qu'elle rend douloureux; le vent brûle la
eau de son haleine de four.

De temps en temps, de minuscules garris à
eux roues nous croisent, traînés par un cheval
if; ils ressemblent à ces petites voitures à toits
ue poussent chez nous en été les marchands de
orbets, avec des rideaux noués à chaque coin.
es Indiens s'y tiennent accroupis; quand il y a
es femmes, les rideaux sont fermés; au passage
n aperçoit de jolis doigts nerveux qui entre-
âillent la fente et l'on devine de longs yeux de
elours, curieux de l'étranger...

A Puskar, le désert, la désolation s'affirment;
utour du lac sacré, des temples et des tem-
les, et des tombeaux, sur une triple rangée,
usque dans l'eau même, mais presque tous
n ruines; cette ville religieuse semble une
rès vieille chose qui a peut-être vécu il y a
les siècles; de plus près, cependant, on s'aperçoit que quelques édifices sont encore vivants :

le temple dédié à Brahma, le seul, dit-on, qui existe encore aux Indes; le temple de Jowahir Mall, celui de Bigy Sing, ceux des habitants de Gwalior, celui des princes de Holkar... Tout cela est immense et l'on ne peut apprécier les sommes folles qu'on a dû y jeter à profusion; autrefois les rajahs de Jeypore, de Jodpore se sont appauvris à vouloir faire toujours plus beau, toujours plus grand; aujourd'hui, le temps a vaincu les colonnes de pierre, les balcons, les escaliers de marbre, les cours, les galeries, les dômes, les flèches audacieuses qui, dans leur solitude muette et éternelle, ne montrent plus que l'infinie tristesse des choses qui meurent.

JEYPORE

I

Me voici dans le Radjpootana. Le Radjpootana!... Ce nom m'enchante!... A lui seul, sans qu'on sache trop bien pourquoi, il fait songer aux légendes radieuses du Ramayama, où des Kschettryas, de race aussi vieille que la terre de l'Inde et plus nobles que des rois, se promènent, lance au poing, magnifiques et barbus, toujours et partout invincibles; aux vieux poèmes indiens, tout pleins du bruit des boucliers et des sabres à lame fine, du galop fou des chevaux, des cris de bravoure et de défi dans l'entre-choc des mêlées... Il évoque un peuple nerveux, poétique et charmant.

De fait, les Radjpootes n'ont pas dégénéré. En

face des conquérants de l'Inde, ils ont su conserver leur hautaine indépendance. Lorsque
S. M. Victoria-Béatrix prit le sceptre de l'Inde,
le 1ᵉʳ novembre 1858, la nouvelle impératrice
demanda quelles étaient les limites de son empire. Lord Stanley se fit apporter une carte et
trempant son doigt dans l'huile consacrée dont
on venait d'oindre le front impérial, il en laissa
tomber une goutte sur le mot Calcutta : la goutte
fit tache et la tache grandit.....

« Madame, dit-il, où s'arrêtera cette tache,
s'arrêteront les limites de l'empire de Votre Gracieuse Majesté. »

Lord Stanley avait parlé en courtisan et si
aujourd'hui la tache d'huile a atteint vers le nord-
ouest le Kafiristan et le Dardistan, vers l'ouest le
Baloutchistan, elle a contourné le sol réfractaire
du Radjpootana : elle n'y pas mordu. Ce vaste
État, aussi grand que la France, divisé en dix-
huit principautés natives, est le type, dans l'Inde,
de l'État indigène indépendant; il n'est que tri-
butaire de l'Angleterre. Cette dernière a seulement imposé un résident auprès du prince indigène qui commande personnellement une armée

de cent mille Radjpootes entraînés, vigoureux, décidés à suivre partout leurs chefs, prêts à mourir pour défendre leurs croyances et leurs cités.

Si les Anglais voulaient aujourd'hui annexer ces territoires, ils auraient fort à faire avec ces guerriers de race, ces vieilles familles si fières de leur noblesse quinze fois séculaire, ces grands féodaux organisés qui se souviennent toujours avec tant d'orgueil d'avoir jadis dédaigneusement repoussé l'alliance des puissants rois mogols.

Mais ils n'y songent pas; bien au contraire; une raison plus haute que la crainte d'une lutte difficile guide leur politique à l'égard des États indigènes. Lors de l'insurrection des cipayes, si l'Inde entière avait été anglaise, nul doute que l'écroulement de la puissance britannique n'eût été défitif : les États indépendants, en 1857, ont en effet joué pour elle un rôle bienfaisant; en contact moins direct avec les Anglais, retenus plutôt qu'excités par les princes indigènes clairvoyants de l'avenir, ils ont suivi avec mollesse le mouvement et ont ainsi disjoint l'action d'ensemble du soulèvement... Frappés de ce fait, les Anglais ont décidé depuis leur maintien. Non seulement ils ne veulent plus supprimer les princes et annexer leurs domaines, mais encore ils les consolident sur leurs trônes, ils s'inquiètent de la continuité de leur descendance.

Mais quel monde étrange que ces princes et leurs États! quelle diversité! Princes de tous rangs, depuis le simple chef de tribu, maître de quelques milles carrés, jusqu'au souverain d'un grand pays : toutes les variétés de la civilisation, de la richesse, de l'éducation. États de tous âges; ici une organisation civile, militaire et politique tellement rudimentaire qu'elle touche à la barbarie; là une constitution sociale complète et définie, éprouvée par dix siècles d'histoire : à côté de la sauvagerie, une société trop vieille.

Les Anglais s'efforcent de refaire les éducations, de reformer ces groupements délabrés, de reconstruire ces forces incohérentes, mais avec quelle prudence, quelle mesure! c'est surtout le « political officer » placé près des rajahs qui se charge de cette tâche délicate. C'est à lui, fonctionnaire anglais, imbu des vues lointaines de la politique du gouvernement anglo-indien, qu'est dévolu ce rôle de précepteur, de conseiller éducateur...

Ici, au Radjpootana, les résultats n'ont pas été trop mauvais : dans cette belle aristocratie, il s'est trouvé des princes dociles suffisamment épris du progrès et de la justice pour vouloir secouer leur indolence et s'intéresser aux affaires, aux problèmes de l'administration et de la politique de leur pays. Ces princes font des efforts pour bien faire. Est-ce conviction? est-ce désir de recevoir l'approbation toujours avantageuse du « maître »? Quoi qu'il en soit, leurs entreprises sont parfois heureuses. Un exemple.

« Je citerai le prince de Jeypore, qui, guidé dans cette voie par un éminent ingénieur, sir Swinton Jacob, a employé à des travaux d'irrigation une somme totale (jusqu'à l'année 1904) de 63 lakhs (6 300 000 roupies) qui lui ont procuré un accroissement de revenu annuel (*land revenue*, impôt foncier) de 52 lakhs (5 200 000 roupies) (1). »

Ailleurs on a créé des écoles. Ailleurs encore les systèmes d'impôts ont été régularisés, perfectionnés. Un peu partout, au petit bonheur, dans

(1) *L'Inde britannique,* p. 194.

les États indigènes des tentatives d'organisation, des essais d'amélioration s'accomplissent dans le sens le plus familier au « political officer », qui en est l'instigateur; esquisses incertaines, ébauches confuses encore, mais qu'un avenir très proche développera et précisera.

Souvent on pare au plus pressé. Dans le Radjpootana, plaine infinie, où le sable laisse croître avec peine des herbes chétives, on a amené de l'eau; le vrai désert est tout proche, à l'ouest, avec ses montagnes sablonneuses. Autrefois les hommes de ce pays mouraient comme des mouches, vaincus par la famine; on en garde encore l'effroi. Que de fois n'a-t-on pas dit l'horreur de ce fléau? Malheureux à l'état de squelettes, l'ossature crevant la peau, accroupis par familles le long des routes et tendant la main; villages entiers dépeuplés par une mort implacable; régions vidées en quelques semaines...

Mais tout ceci est du passé. Aujourd'hui le pays, mieux arrosé depuis l'irrigation artificielle, produit assez pour se nourrir; quand, par malheur, et cela arrive encore quelquefois, l'eau devient rare ou manque tout à fait, rien ne pousse dans ce sol de sable fin, et il faut alors recourir aux trois grandes voies ferrées pour amener du dehors les blés de réserve : ce qui coûte cher et ce qui est tout juste suffisant. Aussi attend-on la pluie (1) avec anxiété; on la guette avec fièvre, on interroge les vents qui doivent l'amener ou l'écarter et tout le monde se réjouit quand souffle la mousson du sud-ouest. La vie de la région en dépend. On a pu dire, pour une grande partie de l'Inde, que la densité de la population est en rapport constant avec la hauteur de l'eau tombée pendant l'année et qu'elle varie avec elle. Et si la population, dans le Radjpootana, est si peu dense (10 millions d'habitants à peine sur 500 000 kilomètres carrés), c'est parce que pendant de longues années, surtout de 1890 à 1900, la sécheresse et par suite la famine ont fait d'innombrables victimes.

Une autre raison a peut-être contribué à raréfier ce peuple si nerveux, si plein de vitalité : la pénurie des femmes. Comme on peut le constater dans le census de 1901, le sexe féminin y est net-

____

(1) Au Radjpootana il en tombe environ 12 centimètres par an.

tement en infériorité numérique : il s'en faut de cinq cent mille femmes pour égaler le nombre des hommes, soit le vingtième du chiffre total de la population. Pourquoi? On n'en sait trop rien, mais le fait est là qui ralentit certainement le nombre des naissances.

Malgré tout, le Radjpoote a foi dans l'avenir de sa race : il escompte ses progrès, dans une direction qu'il définit mal encore, soit par ses propres forces, soit avec l'aide de l'Anglais. Son sang coule dans ses veines riche et vigoureux : il est actif, remuant et gai ; rien de l'apathie rêveuse, de l'indolence des Indiens que j'ai vus jusqu'ici.

Dans la paix que lui impose l'Angleterre il saura transformer son ancienne activité de féodal toujours en guerre en l'appliquant à s'instruire, à étudier les conceptions européennes neuves pour lui, à s'assimiler la volonté positive, le sens pratique, l'entêtement rigide anglais, tous sentiments si contraires, si hostiles encore à sa propre nature.

II

L'arrivée en pleine nuit radieuse au Kaiser-i-
hind, l'hôtel de Jeypore, m'a laissé un joli souvenir. Au centre d'une cour intérieure, toute dallée
de marbre et entourée d'un cloître à arcades, on
a dressé une table toute servie : les cristaux étincellent sur la nappe très nette; autour de cette
médianoche orientale, quatre serviteurs indiens,
vêtus de blanc, attendent debout, immobiles et
muets... Là-haut, au-dessus de la tête, dans le
carré que découpe le toit, le ciel, un vrai ciel de
rêve, est comme poudré d'or, si brillant, si lourd
d'étoiles qu'on reste quelques instants stupéfait
à le contempler. C'est toute une splendeur! La
clarté du cloître paraît ensuite infiniment douce
et bleutée; tout est bleu... Bleue, l'ombre des
pilastres de la galerie, bleues les taches sombres

de ces plantes grasses, bleu le reflet des dalles!
Ah! le délice des boissons fraîches dans ce décor
charmant! Et quel calme! Le silence est intense;
parfois seulement on perçoit le frôlement des
pieds nus sur le marbre ou le cri affaibli, en
sourdine intermittente, d'un grillon...

Nuits incomparables de l'Inde, tout embau-
mées de senteurs exquises, nuits pénétrantes de
douceur, nuits plus belles que celles d'Égypte ou
de Palestine, c'est vous surtout que l'on regrette
plus tard, qu'on évoque sous les brouillards
d'Europe, dans la boue et le froid. Vous êtes la
jeunesse impérissable de cette terre qui a déjà tant
vécu, la fraîcheur où se détend ce sol qui souffre
et vous recueillez les soupirs qu'exhalent à la fin
du jour les millions de poitrines embrasées par un
soleil absurde...

Dès la première heure du jour, le lendemain
matin, je suis vite en route; j'ai hâte de voir Jeypore, la ville toute rose dont on a tant parlé.

Le départ est imposant : grande calèche haut
suspendue par huit ressorts; deux « péons » sur
le siège, deux autres debout, accrochés derrière
la capote; des coureurs devant pour faire place

ıx chevaux. Pendant le trajet les « Civilian
ɔlice » saluent, les postes rendent les honneurs.
videmment ces braves gens me prennent pour
ıelque haut fonctionnaire anglais !

La promenade est délicieuse, dans le matin
air, sur la route qui mène à la ville ; à droite et
gauche, une campagne gaie, avec de jolies col-
ıes brumeuses ; sur leurs sommets, on aperçoit
ı et là des châteaux, des donjons, des tours cré-
ɛlées dont le léger brouillard estompe les con-
urs, et rien n'est plaisant comme ce paysage res-
eint et habité après les mornes plaines vides de
veille. Le spectacle des passants est amusant ;
ɛs cavaliers rapides, l'air désinvolte, sourire
ıx lèvres, galopent en fantasia, laissant derrière
ıx des nuages de poussière que le soleil illu-
ine ; des petits ânes à la file, tout chargés de
ɔnnettes, trottinent gentiment : ils suivent pres-
ıe toujours un grand gaillard souple à la phy-
onomie de brigand d'opérette. Tous les hommes
ıe je croise ont je ne sais quoi de dégagé, de
er dans l'allure : démarche ferme, regard assuré.
ertains ont de grandes barbes bien coupées, à
lis savants : coquetterie à noter chez ces hommes

de pauvre condition. Presque tous, au passage, s'inclinent avec de grands airs courtois : les saluts sont justes et élégants. Élégant! c'est le mot qui caractérise tout ce peuple : élégance d'attitude, toute de race affinée et vigoureuse. On a nettement l'impression de se trouver en face de gens d'éducation ancienne, conscients d'eux-mêmes, de leurs coutumes, de leur pays.

Au bout de l'avenue, aussitôt franchis une grande porte d'abord, puis une sorte de cour où au milieu de groupes de marchands des chameaux chargés se reposent et enfin encore un grand portail, le spectacle attendu apparaît brusquement. Malgré tout ce que je savais, la surprise est complète.

Figurez-vous une ville entière toute rose... les maisons, les palais, les masures, les boutiques, tout est peint en rose, un rose délicat et fragile que souligne à chaque angle, à chaque fenêtre, à chaque motif d'architecture un filet blanc aux dessins répétés. C'est inimaginable et c'est délicieux. On se trouve soudain en pleine féérie, dans un décor jamais vu qui ravit et étonne. Et ce qui surprend plus encore, ce sont les grandes rues à

rottoirs, toutes droites, larges de cinquante
nètres, longues de plusieurs milles, qui donnent
 cette ville un aspect nouveau; c'est unique, en
ffet, dans l'Inde où partout les natifs ont entassé
eurs maisons le long de couloirs tortueux.

La longue avenue qui s'ouvre devant moi fuit
 perte de vue jusqu'à se perdre dans la brume
égère qui baigne la ville; de part et d'autre, des
içades à clochetons, des terrasses, des balcons
rillagés, des entrées de palais, de profonds por-
ails de temples se succèdent et se pressent,
ariés, amusants, bizarres; c'est pimpant et léger,
t toujours le joli rose pâle étalé partout du
nême ton uniforme, comme si, un beau jour,
éblouissant caprice de quelque grand seigneur
vait peinturluré la ville entière, d'un seul coup...
)uel rêve de poète que cette fantaisie charmante
insi réalisée!

. On est amusé, conquis; à chaque instant le
egard s'accroche à quelque détail drôle; sur un
nur, des grands bonshommes, dessinés d'un
)ng trait à la chaux, figurent des cavaliers, des
actionnaires armés, des Européens en redingote
t chapeau haut de forme, grafiti inexperts ana-

logues à ceux qu'on voit sur les murs de Pompéi,
de Londres ou de Paris; caricatures de grandeur
nature presque toujours; il y en a un peu partout,
des puériles, des obscènes, des irrespectueuses;
ici, Ganesh lance un long jet d'eau avec sa
trompe; là, des organes monstrueux, phallus gigan-
tesques, sexes de femme béants, se pourchassent,
s'atteignent dans une impudeur naïve, indéfiniment répétée; ailleurs, un Anglais, reconnais-
sable à son casque et à sa pipe courte, poursuit à
grandes enjambées un gamin indigène qui lui fait
des pieds de nez...

Ce qui manque, par contre, ce sont les affiches; il n'y en a pour ainsi dire pas, à moins
qu'elles ne soient anglaises. Non pas que cela
tienne à l'Orient... En Chine, au Japon, la réclame
murale, innombrable, désordonnée, envahit tout,
les maisons, la chaussée, même les parois des
temples. La raison est que l'Inde s'en tient encore
aux petits métiers, exercés au jour le jour de père
en fils, dans la même échoppe, avec l'unique
clientèle de l'entourage immédiat; que si quelques exceptions se rencontrent, si rares et si insi-
gnifiantes, on les doit à une timide copie des pro-

cédés européens. Le grand commerce, l'industrie
à gros capitaux, les entreprises à travers le pays
n'existent pour ainsi dire pas encore : ils sont le
monopole des étrangers; la courte initiative indi-
viduelle, qui limite ses efforts à la satisfaction des
besoins de chaque jour, sait seule s'exercer. Aussi
la vie publique y gagne-t-elle en pittoresque et en
animation; les cris de la rue sont innombrables;
les petits marchands pullulent : vendeurs de
« playing cards » coloriées, de statuettes d'animaux, de dieux informes et enluminés, de gâteaux, de graines, de sucreries..., tout un peuple
insoucieux, de besoins nuls, qui gagne tout juste
sa vie à ces métiers dérisoires.

Tous ces gens cependant n'ont pas l'aspect
misérable : voyez ce marchand, ce « Mahesri
Banya »; il a vraiment bon air avec ses grands
favoris en pointe relevés horizontalement de chaque côté de la figure, avec son grand turban rose
à résille d'or et le trident de Vishnou, fines raies
jaunes, sur le front. Presque tous tracent au-dessus des yeux l'insigne de leur foi : voici un
« Broker » jaïn, tout rasé, moustaches relevées;
il a peint au-dessous de son petit turban blanc

deux gros points jaunes. Dans toutes les castes, il en est de même; ce « Pokharna Brahman »a inscrit entre ses sourcils et son turban turquoise très serré une vigoureuse virgule droite.

On a à peine le temps de noter mille détails au passage, tant la rue s'anime. Voici trois gros éléphants montés, drapés de rouge, qui s'avancent vivement en balançant leurs trompes; leurs gros pieds mous se posent sans bruit dans la poussière et l'on n'entend que les petites cloches pendues de chaque côté de leurs selles qui tintent en cadence. Voici des chameaux, l'air bête et endormi; voici des haquets tirés par des bœufs peints en bleu et en vert; des vaches qui errent en liberté; des singes sur cette balustrade; des pigeons par vols entiers qui s'abattent soudain tapissant les rues, les places, comme à Venise; voici encore, tenus en laisse comme des chiens, les guépards de chasse du rajah que promènent des gardiens...

Tout à coup, on s'écarte, on fait de grands saluts respectueux : c'est le premier ministre qui passe en trombe conduisant lui-même une charrette anglaise attelée d'un excellent cheval. Il est grand, mince, de mine sévère et délicieusement ajusté dans sa tunique vert tendre. Lui aussi me salue au passage, mais avec quelle morgue condescendante et hautaine ; impossible de dire plus poliment à quelqu'un à quel point on le dédaigne. Je le vois de loin qui s'engouffre sous la grande porte du palais royal.

Ce palais occupe à lui seul le huitième de la superficie de Jeypore, véritable petite ville au milieu de la grande, mais combien mal tenue ! Quel mélange de luxe et de saleté, de richesse et de misère, de prodigalités folles et de mesquineries déconcertantes ! Il y a là cinq mille serviteurs, paraît-il : valets de tous grades, gens de cuisine et d'écurie, jardiniers, cornacs, majordomes, comptables, secrétaires... On se demande, à constater l'effarant désordre des services, à voir les détritus, les immondices oubliés partout, à quoi ils peuvent bien servir. L'Hindou qui nous guide, sorte de suisse à livrée verte, la couleur du rajah, reçoit un traitement équivalent à cinq roupies (8 francs 25 environ) par mois et il affirme qu'il est parmi les mieux rétribués. Le rajah les paye en argent radjpoote, car il bat monnaie ; j'ai vu sa trésorerie, installée dans un vestibule ouvert à tous les vents; sur le sol, trois hommes accroupis triaient des pièces d'argent mal calibrées, ni rondes ni plates. A côté, on me montre la salle des comptes, des comptes entre le maharajah et le gouverneur, pleine de tables, de chaises, de coffres pesants fixés au sol. Puis c'est une suite interminable de salles : salle de réception, salle d'audience, salle de représentations, salle de conseil; dans la salle de danse, mon guide s'extasie sur des glaces médiocres venues d'Europe : on les a placées là pour permettre aux bayadères de surveiller leurs gestes dans les ballets! L'ensemble est misérable et clinquant : les murs sont de brique, mal badigeonnés de chaux; les lustres sont en verroterie, les tapis usés. Parfois la splendeur d'une superbe porte de bronze doré éclate, comme pour rappeler qu'on se promène chez un roi; mais c'est si rare! Aux écuries, où le rajah entretient plus de trois cents chevaux; aux remises où s'entassent des carrosses dédorés, des voitures de style anglais, des véhicules de tous genres; aux selleries où s'empilent en vrac les pompeux caparaçons en toc de cinquante éléphants, la même impression de négligence,

de désordre, de luxe râpé s'impose. On la retrouve partout, dans les jardins laissés à l'abandon, couverts d'herbes folles, parc étrange parsemé de lampadaires à gaz, près des bassins vides
montrant l'anatomie des leurs conduites d'eau, en
face du palais lui-même si triste avec ses terrasses
superposées.

Le prince de Jeypore compte cependant parmi
les mieux éduqués de l'Inde. De plus, il est riche;
les Anglais lui laissent chaque année un revenu
de dix millions de roupies (1). Malgré tout, le
laisser aller naturel persiste, comme chez la plupart de ces despotes dont l'existence est de sport
et d'indolence luxueuse. Ils mènent une vie monotone dans leurs palais, au milieu de leurs femmes et de leurs concubines, de leurs courtisans
et de leurs baladins, entourés des intrigues éner-
vantes d'une petite cour; les femmes surtout sont
la grande occupation. Quant aux affaires, quant à

____

(1) Il y en a de plus à l'aise! « Le revenu d'Haïderabad est
de 36 millions de roupies; celui de Mysore, 19; de Gwalior, 16;
de Baroda, 12. Pour le reste, il y a 29 États avec chacun un
revenu de 10 à un million de roupies: 118 de un million à
100 000 roupies; 39 de 100 000 roupies à 50 000; 159 de 50 000
à 10 000; 166 de 10 000 à 3 000; 121 de moins de 3 000. »

la chose publique, on s'en décharge sur le vizir, souvent même, il n'y a pas de vizir et tout va... mal; les affaires restent sans solution; pendant ce temps, le prince s'amuse et fait l'amour, paresseusement, dans son gynécée.

Bientôt cette incurie disparaîtra grâce aux efforts des Anglais, grâce à l'irrésistible poussée des idées nouvelles, et aujourd'hui déjà deux partis se dessinent chez les princes indigènes : le parti « Old India » et le parti « Young India ».

Les princes du premier groupe s'efforcent par tous les moyens de résister au courant qui les pousse : les uns affectent d'ignorer jusqu'au nom anglais; les autres, par une vie irréprochable, par un labeur constant, par un attachement profond à la religion, aux coutumes, aux lois de leur pays, tâchent de conserver à leur couronne assez de prestige pour rester forts. Les partisans « Young India », au contraire, sont entrés résolument dans le courant et si la plupart s'essayent à concilier le mieux possible les exigences nouvelles avec les vieilles traditions, quelques-uns adoptent complètement les mœurs européennes : ils s'habillent à Londres, élèvent leurs fils en Angleterre, font la traversée plusieurs fois par an et oublient leur langue pour ne parler qu'anglais.

Qui l'emportera dans ce conflit? Sans doute les « Young India », nul ne peut arrêter la marche du progrès; il faut souhaiter voir triompher les réformateurs tempérés qui sauront allier avec modération les besoins modernes avec les vieilles formes indiennes si respectables et si belles.

AMRITSAR

I

C'est ici une ville exquise, sainte et charmante : Amritsar, la Rome des Sikhs, la Mecque des Khalsa, les Élus. C'est là que je pourrai voir les Livres sacrés, les Textes manuscrits authentiques où sont fixés, depuis Nanak, les admirables dogmes du « Credo » sikh.

L'animation, dans le matin clair, est extrême, j'ai peine à me frayer passage dans la foule pour traverser la ville et me faire conduire au Temple d'or.

Après avoir suivi les longues avenues anglaises, largement tracées au milieu de frais jardins, après avoir franchi, entre les innombrables échoppes bourdonnantes de mouches, les ruelles brûlantes du vieil Amritsar, j'arrive au bord de l'étang sacré. C'est ainsi que la route à suivre traverse différents cycles avant d'aboutir au centre, aux Livres, aux Textes auxquels obéissent près de deux millions de Sikhs. C'est d'abord une ceinture extérieure de jardins, puis les parterres anglais, ensuite la vieille ville indigène, enfin la ville sainte proprement dite qui englobe le lac de l'Immortalité; au milieu du lac, le Temple d'or; au fond du temple, les Livres.

Le lac est délicieux dans la fraîcheur de ses quais rectangulaires de marbre blanc et noir : les dalles, polies jusqu'à l'étincellement par les pieds nus de la foule, flamboient sous le soleil; tout autour les grands murs blancs des maisons et des chapelles réfléchissent les rayons de l'astre comme autant de miroirs et l'or pur des parois s'illumine féeriquement d'une orgie de lumière.

Le temple est adorable; figurez-vous un petit édifice carré, tout doré de la base au faîte, parfaitement conservé, surmonté d'une coupole au centre et flanqué de quatre jolies tourelles tout ajourées dont les clochettes de métal tintent sous la respiration brûlante de l'atmosphère; on y arrive par une large estacade, sorte de pont jeté depuis la rive, dont la chaussée à mosaïques est bordée d'un balcon ciselé, orné de vingt lanternes de toutes couleurs : l'extrémité de ce pont, celle qui touche au quai se ferme par une superbe porte en argent massif incrusté d'ivoire.

Je parle ici d'or et d'argent, d'incrustations et de ciselures et, j'insisterai : l'or est en feuilles épaisses, l'argent a été coulé comme du bronze et les ornements attestent le travail patient et l'art de dix générations. Si rarement je pourrai parler ainsi au cours de ma promenade aux Indes!... Les palais vantés, les tombeaux célèbres, les mosquées, les temples répandus à profusion m'ont si souvent déçu! Telle merveille que l'image m'avait promise incomparable, la réalité me la prouve grossière (les murs sont en vieilles briques), lépreuse (le badigeonnage à la chaux, plus ou moins colorié, s'écaille partout) et surtout presque toujours affreusement délabrée par le temps impitoyable.

Ici la merveille est un bijou admirablement

ciselé, délicieusement serti et parfaitement brillant.

A l'intérieur, sous un dais de velours rouge brodé d'or, des prêtres sont accroupis autour d'un des Livres. Ce livre, quatre fois grand comme un de nos in-folio et épais en proportion, est posé à terre, tout ouvert sur un tapis; il est en partie caché par une étoffe richement brodée qui le recouvre. Par instants, un prêtre se dresse, soulève un coin de la broderie pour lire quelques mots et la replace ensuite pieusement. Trois musiciens, deux tambourinistes et un joueur de viole, font une musique incessante sur un rythme assez plaisant; des fidèles en rangs pressés se succèdent, viennent se prosterner, le front à terre et les mains jointes, devant l'énorme bouquin et jettent une pièce de monnaie sur le tapis étendu devant lui. La recette est bonne; les pies, les annas, les roupies pleuvent; est-ce pour cela que tous, prêtres, musiciens, fidèles, rient et plaisantent si gaiement?

Du coin où je me trouve, la vue de cette salle décorée d'or et de peintures, tout animée de vie joyeuse, est charmante. Un rayon de soleil, placé obliquement, illumine la fumée légère et ondoyante de l'encens ; des pigeons, installés là comme chez eux, traversent l'air d'un battement d'ailes ; les corps qui se prosternent ont de la grâce.

Un prêtre se lève, se détache du groupe qui entoure le Livre et vient m'offrir gravement une guirlande de petites fleurs blanches. Ses cheveux longs et soignés tombent sur ses épaules et une grande barbe cache sa poitrine. Je ne puis l'empêcher de placer la guirlande autour de mon cou ; pourquoi le ferais-je, d'ailleurs? le geste est joli et je veux croire que la roupie que je lance à mon tour sur le tapis n'est pas la seule raison de cet acte de courtoisie. Mais il me donne encore du sucre candi, de la part du grand prêtre, que j'accepte aussi comme j'accepterais autre part le pain et le sel du bon accueil.

Et nous causons. Pour le remercier, je lui fais traduire l'admiration que j'éprouve pour son temple ; flatté, il s'enquiert de ma nationalité, de ma profession, avec une politesse pleine d'intérêt, il me parle de ma religion, s'enthousiasme pour la sienne. « Vous venez voir nos Livres, Sahib, nos « Adi Granth » ? Je doute que vous puissiez les lire, car bien peu, même parmi nous, connaissent les idiomes dont ils sont faits. Et c'est dommage, car ce qu'on y lit est bien beau, beau comme la vérité... Dieu est un : c'est lui qu'il faut honorer et prier, non des idoles. L'âme est immortelle, elle lutte, à travers des existences multiples, pour s'élever jusqu'à Dieu. Elle y arrive, à force de pureté. Par la pureté du cœur, elle combat l'envie ; par la pureté de la langue, le mensonge ; par la pureté des yeux, la concupiscence ; par la pureté des oreilles, le scandale... »

Au dehors, le lac étincelle sous le soleil déjà haut. Il faut se hâter, car je veux aller à la tour d'Atal, toute proche, d'où l'on peut embrasser la ville d'un coup d'œil. Cette tour est à deux fins : elle sert de tombeau à Nanak et commémore le sacrifice d'Atal qui donna sa vie en échange de celle d'un enfant.

D'en haut, cent dix mètres environ, la vue est féerique, le regard se porte de suite sur le point d'or, qui paraît jaune sombre au milieu de la plaque blanche du lac et l'on voit nettement les avenues, les rues converger vers lui, partant du fond des verdures sombres de l'arrière-plan du tableau pour aboutir aux murs de la ville sainte.

Çà et là émergent les villas des Sikhs opulents qui viennent ici passer quelques jours au moment des fêtes; çà et là quelques pointes de temples sortent au-dessus des toits plats, ici c'est une mosquée, ailleurs c'est un autre étang, plus loin une place irrégulière; mais l'intérêt se concentre toujours sur le petit temple en or, bijou délicat et précieux au milieu de son écrin.

II

Avant de quitter Amritsar, je veux emporter d'ici quelque bibelot, souvenir joli ou amusant. Mon boy m'indique Chumba-Mull, marchand de tapis et antiquaire.

Nous y sommes bientôt; mon boy pousse une porte et j'entre.

Deux petites salles blanchies à la chaux, presque vides; rien qui rappelle le bric-à-brac de certaines de nos boutiques; des tapis roulés, rangés le long du mur; dans une armoire ouverte, quelques « curiosités »; dans un coin, sur une table, un gros Bouddha sourit, un doigt en l'air, sur le lotus emblématique.

A ma vue, trois enfants s'avancent : ce sont les commis de Chumba-Mull; ils me saluent d'une inclinaison gracieuse du corps, les yeux à terre,

portant à leurs lèvres les deux mains jointes, d'un geste répété. Avec des signes câlins, ils m'invitent à pénétrer dans la seconde pièce, c'est là que se trouve le babou Chumba-Mull.

Il est assis, tout gras, tassé dans son fauteuil et fume une longue pipe; un petit musulman l'évente et, derrière lui, deux autres font de la musique pour son plaisir.

La mise en scène n'est pas préparée, certainement. Quelle douce manière de faire les affaires et combien de marchands d'Europe envieraient leur collègue d'Amritsar !

Le gros personnage s'aperçoit de ma présence, et se tourne vers moi avec un sourire. Tiens ! il est aussi laid que son Bouddha.

— *Step in, Sir... you will see my shop? I feel quite honoured. This way... please to follow me...*

Avec une légèreté inattendue, Chumba-Mull me précède dans sa fabrique de tapis. Ah ! le joli spectacle !... Une ruelle étroite, longue d'une cinquantaine de mètres; à gauche un mur, à droite de nombreuses cases où se dressent, verticaux, les métiers; devant chaque métier, de tout jeunes gens, filles et garçons, sont accroupis par quatre ou cinq. Une activité silencieuse anime toutes ces machines humaines. La méthode est curieuse; dans chaque case, le chef d'équipe jette un ordre à mi-voix : ça veut dire « une ligne rouge », « une ligne bleue », et le dessin s'affirme peu à peu par indications verbales traduites immédiatement par l'atelier. Chez nous, la méthode est différente, je crois, et c'est une maquette modèle que les ouvriers suivent des yeux.

Le spectacle est absorbant : ces doigts de bronze fin, tout clairs à l'intérieur, sont hypnotisants par leur agilité; il y a là de tout petits enfants, ce sont les plus graves et les plus sérieux.

— ... Mais, Chumba-Mull, ces tapis sont laids...

— Je les vends très bien cependant, Sahib, et en Europe surtout; tenez, ces trois caisses partent ce soir pour Paris. J'envoie là-bas chaque semaine autant de caisses à plusieurs grands magasins...

— ... C'est égal! pourquoi ne pas recopier plutôt ces vieux tapis de Perse? vois l'harmonie douce et fière des couleurs; c'est chaud à l'œil et l'on doit y prier admirablement! Pourrais-tu méditer sur une de tes stupides carpettes?

— Non, Sahib, je ne le pourrais pas!... Ce serait trop cher à recopier. Mais laissez les miens qui vous déplaisent, et prenez ceux-ci, ils sont venus par caravanes jusqu'à Kaboul et Peschawar et sont bien vieux, bien des genoux les ont usés... Tenez. Ce petit jaune à bords mauves et ce rouge ne vous coûteront que trois cents roupies...

. . . .

Ç'a été long, mais j'ai fini par les avoir pour trente, trente roupies en échange de ces vieilles choses aux tons adorables, c'est peu, vraiment! Et tous deux nous sommes contents, moi et Chumba-Mull, qui ressemble à son Bouddha...

III

Dans le train, entre Amritsar et Luknow. Mon compagnon de voyage est ingénieur, il revient de Ludhiana où il surveille l'organisation d'une usine nouvelle et va, comme chaque soir, à Saharanpur qu'il habite avec sa femme.

Nous causons et il raconte ce qu'il sait sur les indigènes qu'il emploie.

« Voyez-vous, me dit-il, ces deux races hindoues et musulmanes ne s'entendront jamais entre elles ; ça nous a d'ailleurs facilité la domination de ce pays-ci. L'Hindou n'a ni les mêmes mœurs, ni les mêmes dons d'intelligence que le musulman ; il est quelquefois industriel, commerçant, il est le plus souvent homme d'argent ; le musulman, lui, est surtout cultivateur, et malgré sa formation intellectuelle peut-être plus avancée, il se trouve sous la dépendance de l'Hindou. Aujourd'hui toutes les grandes affaires sont encore aux mains des Européens, Anglais, Allemands, Grecs, et de quelques Parsis. Bientôt les Hindous les auront aux leurs et ils déploieront autant d'habileté que d'initiative. En attendant, ils sont usuriers. Un musulman cultivateur, pauvre rural sans argent, doit, s'il respecte tant soit peu les coutumes des siens, dépenser de 5 000 à 10 000 roupies pour le mariage de son fils, à l'occasion duquel de grandes réjouissances sont imposées ; il est obligé de s'adresser au banian, à l'usurier, à l'Hindou qui lui prête ces roupies nécessaires au taux exorbitant de 30 à 40 pour 100 qui dépasse de beaucoup le taux légal de 9 pour 100, lequel est déjà joli. Cet argent, d'ailleurs, l'Hindou ne le fait pas produire, il l'enfouit, en constitue un trésor et quand on lui demande pourquoi : « Bah, les enfants le retrouveront ! » A moins, comme il arrive souvent, que le trésor n'ait été découvert et pillé, les reçus et billets brûlés...

« Cette dépendance du musulman vis-à-vis de l'Hindou est une des mille causes d'hostilité entre les deux races.

« D'ailleurs, ne croyez pas, par ce que je viens de vous dire de l'Hindou, qu'il soit généralement aussi développé, il s'en faut de beaucoup et c'est dix fois par jour que je constate la profondeur incroyable de son ignorance et de son apathie.

« Tenez, ajoute-t-il, en me désignant du doigt l'Hindou qui, à la station d'Umballa, frappait avec un marteau les roues du train arrêté, tenez, un jour, j'ai demandé par curiosité à cet homme, chargé de vérifier si les roues ne sont pas fêlées, ce qu'il faisait là ; il m'a répondu qu'il n'en savait rien. Depuis dix ans qu'on lui avait dit de le faire, il frappait consciencieusement et inutilement les roues de tous les trains.

« Et ils sont nombreux ainsi…

« Ils ont d'autres défauts. Ignorants, pétris de croyances absurdes, menteurs, poltrons et méchants, tels sont les Hindous ! C'est une vilaine race et nous aurons fort à faire pour qu'ils deviennent semblables à ceux déjà formés dont je vous parlais tout à l'heure.

« Malheureusement, nous avons fait fausse route depuis cinquante ans et l'instruction primaire, que tant de raisons nous rendent si difficile à donner, produit des résultats déplorables ; dès qu'ils savent lire, ils lisent des ouvrages socialistes et vous pensez comment ces cervelles d'enfants absorbent ces théories si délicates et si opposées à leur passé ancestral ; c'est navrant... ! Mais nous changerons de système puisqu'il est prématuré et nous transformerons les écoles primaires en sortes d'écoles professionnelles. Chaque homme y apprendra son métier ; on verra plus tard pour le reste...

« On a déjà commencé, je crois, et dans les Provinces Centrales on a mis à l'essai dans les écoles primaires des cours d'agriculture, où, sur le terrain même que l'enfant cultivera quand il sera grand, on précise et on développe la science de la terre...

« C'est toujours dur, voyez-vous, de faire du bien aux gens malgré eux ; nous profitons du pays et de ses ressources ; c'est entendu et la vieille Angleterre ne fait là que toucher le prix de ses efforts ; mais croyez-vous qu'ils comprennent l'énorme progrès des chemins de fer dont ils usent assez ? Vous les voyez grouiller dans les trains... Pensez-vous que ces gens-là (je parle de la masse, naturellement, des 293 millions de natifs, exception faite des quelques centaines d'individus instruits et cultivés) apprécient à sa valeur l'immense et admirable système de canaux d'irrigation que nous avons créés de toutes pièces et cela dans un pays vaste comme notre Europe, moins la Russie. Et la famine (il aurait fallu que vous vissiez cette horreur!) qui est évitée à tout jamais?

« Et les notions de bien-être, de confort même, que nous nous efforçons de leur faire entrer dans la tête?... Y songent-ils?

« Remarquez qu'ils n'ont jamais été aussi heureux qu'à présent; ils payent 6 à 8 pour 100 d'impôt alors qu'autrefois ils payaient non seulement 50 pour 100, 75 pour 100 de ce qu'ils produisaient, mais encore souvent ils donnaient tout; on conserve cet édit du grand empereur Akbar : « On laissera à celui qui cultive sa terre « autant qu'il en aura besoin pour son entretien « et celui de sa famille jusqu'à la prochaine récolte « ainsi que pour les semailles. Tout cela lui sera « laissé; ce qui reste est la taxe de la terre et sera « porté au trésor public. » C'était clair et simple, n'est-ce pas?

« Mais allez donc compter sur une comparaison que pourraient faire ces gens-là ! Ils n'ont
qu'une notion confuse de leur pays, de son histoire et ils ne tiennent pas à savoir. Ils sont ignorants et ils le resteront longtemps, ils sont trop
paresseux.

« Paresseux ! Mais sur quatre de mes ouvriers
qui tous ont l'air occupés, un ne fait rien, un
regarde, un se repose et le dernier les aide ! »

Et mon interlocuteur (est-ce bien ainsi que je
devrais l'appeler depuis une heure qu'il parle
sans s'interrompre?) fait un geste de douloureuse
lassitude...

« Autre chose : ils sont routiniers au possible,
d'une routine presque invincible ; regardez cette
région du Penjab que nous traversons : c'est un
véritable grenier d'abondance ; elle produit de
quoi nourrir non seulement l'Inde, mais l'Asie
entière et vous savez avec combien peu de travail, à gratter à peine le sol avec leur charrue de
bois, ils obtiennent leurs deux ou trois récoltes
annuelles. Eh bien, ils n'ont jamais voulu échan-
ger leur blé, assez médiocre, contre le grain que
le gouvernement leur offre gratuitement : « Notre

« père a toujours semé celui-là, je continuerai à
« faire comme notre père. »

« Et pourtant, ils devraient bien se laisser
guider : il y a dix ans, ce pays-ci autour de
Lahore, d'Amritsar et de Patiala, n'était qu'un
désert. Considérez ce qui a été fait et presque
malgré eux ! Toute une exploitation régulière des
richesses de ce sol, grains, coton, un débouché
nouveau facile par la grande ligne ferrée com-
merciale qui aboutit au port de Kurrachee... l'argent entrant à flot dans ce pays... »

Mais le train s'arrête dans la jolie gare de
Saharanpur toute blanche avec ses coupoles de
mosquée. Mon Anglais se tait, me lance un bref
« fare well » et descend du wagon.

DELHI

I

Le trajet jusqu'à Delhi sur le **G. I. P.** railway, compagnie qui se vante d'envoyer de Bombay huit trains par jour dans les directions de Peschawar, Calcutta et Madras, est d'intérêt médiocre et cela malgré une affiche du compartiment certifiant que ce sont les routes, « shortest, quickest, et cheapest » de toutes les parties de l'Inde. Que sont alors les autres ! Les heures sont lourdes et suffocantes ; le ventilateur souffle un air brûlant dont la poussière colle au visage et les vitres fumées atténuent à peine l'ardente blessure causée aux yeux par la réverbération de cette plaque chauffée à blanc qu'est le sol indien au milieu du jour. Malgré l'entraînement, le corps souffre dans un tel flamboiement, et l'esprit s'hallucine légèrement.

Quelque part, dans un de ses ouvrages (1) M. Dastre déclare que « lumière et chaleur sont un seul et même agent; suivant qu'il est à tel ou tel autre degré de son échelle de grandeur, il impressionne plus fortement la peau (sensation de chaleur) ou la rétine de l'homme (sensation de lumière). La différence est imputable à la diversité de l'agent ». Ici, au Penjab, lumière et chaleur se confondent; les sens ne savent plus si c'est le rayonnement intense qui produit la chaleur ou cette chaleur qui est la cause de l'incandescence de l'atmosphère...

Ce qu'il y a de certain, c'est qu'on arrive brisé, dans une insupportable moiteur que la douche au Woodland Hotel n'arrive pas à supprimer. Dans ces contrées, d'ailleurs, comme dans le Sind et tout le nord-ouest de l'Inde, où la mer est loin, le sol de sable atteint des températures formidables; la chaleur est l'ennemie qu'il faut

(1) *La Vie et la mort*, par DASTRE, membre de l'Institut, professeur de physiologie à la Sorbonne.

s'acharner à combattre; les maisons ont des murs
de deux mètres et restent fermées hermétique-
ment tout le jour; dans toutes les chambres, sur
les terrasses, dans les corridors, on agite des
« pankahs » : pankahs du vieux modèle qu'un
coolie accroupi et distrait balance mollement en
tirant une corde; pankahs perfectionnées, hélices
à larges palettes de bois que l'électricité anime
irrésistiblement. La nuit, entouré de grandes
jarres en terre poreuse pleines d'eau qu'un courant d'air évapore, on tâche de dormir en dépit
des moustiques.

Vraiment on regrette Jeypore; on se demande
surtout comment un tel climat a permis l'existence d'une ville comme Delhi; cette ville, ou
mieux ces villes, car Delhi n'a pas toujours été à
la même place et on voit sur plus de vingt kilomètres vers le sud toute une suite d'anciennes
cités ruinées, résume par son histoire celle du
nord de l'Inde.

On dit que sa fondation remonte à quinze
siècles avant notre ère; mais sa gloire, qui lui
valut d'être appelée la « Rome de l'Asie », ne date
que de la domination mogole du seizième siècle.

Ses monuments étonnent par leur nombre et leur importance; ses ruines déconcertent par leur étendue, ses légendes charment et retiennent l'esprit.

Ses empereurs, plus fastueux, plus puissants que ceux du Capitole, ont régné sur la péninsule entière et ont su étendre leur domination jusque sur les territoires de la Russie et de la Chine.

On en compte une vingtaine de ces grands Mogols, depuis le sultan Baber, soldat de race et écrivain de valeur, qui, d'abord souverain du Turkestan et du Khorassan, ensuite dépossédé de son trône après douze ans de règne, entreprend avec une poignée de dix mille cavaliers de se tailler un nouveau royaume et y réussit si bien qu'il conquiert les provinces de Kandahar, de Kaboul et de l'Hindoustan, jusqu'au dernier de l'extraordinaire série, le vieil empereur Bahadur-Shah que les Anglais firent prisonnier à Rangoon, le 14 septembre 1857, éteignant ainsi définitivement le flambeau mogol qui avait brillé sur l'Inde pendant quatre siècles.

Parmi cette longue suite de rois, deux ont

laissé une trace particulièrement lumineuse. Ce sont : Akbar, petit-fils de Baber, qui régna pendant toute la seconde moitié du seizième siècle, et Shah Jahan, petit-fils d'Akbar. Leur histoire est éblouissante et illumine encore de sa prodigieuse auréole les ruines d'aujourd'hui.

Akbar, dont l'image a popularisé la face dure et glabre sous le turban résillé et empenné court, tient dignement sa place à côté de notre Napoléon. Conquérant, administrateur, législateur, il fonde une religion, la Din-i-Ilahi ; il ouvre une ère nouvelle qu'il date de son avènement ; il est poète aussi et lettré et fait traduire en persan la littérarature hindi, arabe ou européenne connue à l'époque. C'est un Tamerlan affiné... Sa cour fut un rendez-vous de lettrés et de sages ; son administration fut si parfaite que les Anglais en suivent aujourd'hui encore les grandes lignes.

Avec son petit-fils, Shah Jahan, la puissance mogole atteignit son apogée et sa réputation parvint jusqu'en Europe ; les arts s'épanouissent en merveilleuses productions : des tombeaux comme le « Taj-Mahal » d'Agra ; des palais comme le « Fort » de Delhi, des mosquées comme la « Muti

Musjid »; tout un style somptueux et sévère où aboutissent, concrétisés en ciselures de marbre, en peintures ruisselantes d'éclat, en lignes définitives, les efforts des dynasties musulmanes. Les joailleries, les tissages, les décors furent fameux dans le monde entier. Alors que l'Europe s'use en luttes stériles et minuscules, que ses nations prennent à peine conscience d'elles-mêmes, au moment où la France attend Louis XIV, la Russie Pierre le Grand, l'Angleterre Cromwell, l'empereur Shah Jahan règne en paix sur un pays immense et commande aux destinées de plus de cent millions de sujets.

Je me rappelle avoir longuement regardé au musée de Lahore l'exquise miniature qui le représente ; elle est délicate et troublante.

Shah Jahan y est peint de trois quarts, presque de profil, dans une attitude d'un calme suprême. Il porte un costume étourdissant de splendeur et tient une rose à la main, une rose de Delhi. Sous un turban compliqué, lourd de gemmes et de perles, sa face s'éclaire toute pâle et fine. Il a d'énormes yeux pleins de rêve, les sourcils fins, le nez long et pointu, et, encadrant sa bouche rasée, une épaisse barbe noire coupée court couvre les commissures des lèvres, le menton et les joues; une grosse perle s'accroche au lobe de l'oreille. Le drap qui l'habille, d'une somptuosité incroyable, est tissé de pierreries, d'or et d'argent. Au cou, quatre gros rangs de perles s'étagent dans un incomparable ruissellement de richesse.

Tout à côté, en pendant sur la cimaise, on a placé l'image de sa maîtresse bien-aimée, la Béguin Arzumand Banu Muntaz i Mahal. Elle est digne de son royal amant.

Un charmant béguin tout brodé de pierres précieuses est posé sur ses cheveux qu'elle porte longs sur le dos et séparés simplement en deux bandeaux égaux. Deux longs pendentifs de perles, fixés aux oreilles, encadrent l'ovale allongé du visage où de longs yeux, d'un brun chaud, se relèvent légèrement vers les tempes. La physionomie est triste et pensive, le regard mystérieux, et sous la lèvre gourmande et boudeuse, un menton d'enfant se troue d'une minuscule fossette. Le haut du visage est grave et le bas est puéril. La Bégum a été portraiturée toute jeune dans une jolie attitude gracieuse; elle aussi tient dans sa main fine une rose qu'elle porte à ses lèvres.

Ce sont deux êtres de grande race. Lui, c'est le type achevé de ces princes asiatiques superbes que l'histoire et la légende ont consacrés. Il possède toutes les qualités des rois vertueux des contes arabes; il est beau, il est juste, il est généreux; de son vivant on l'appelle déjà « Shah Jahan le très grand ». Elle, elle est pétrie de toutes les grâces de l'Orient. Sa beauté est si parfaite que l'imagination même ne saurait aller au delà; elle est voluptueuse comme les nuits chaudes de l'Inde; ses serviteurs languissent d'amour pour elle et nul ne peut contempler sans extase son visage qui brille d'un délicieux éclat...

Leurs amours furent belles et tristes, car elle mourut jeune. A sa mort, Shah Jahan fait édifier à Agra sur les bords de la Jumma un merveilleux mausolée (1), immense comme le chagrin qui le

(1) Il n'existe peut-être pas dans l'univers entier un lieu où l'art et la nature se soient aussi heureusement alliés et aient créé un ensemble aussi parfait que celui qui a pour cadre l'enceinte de ce célèbre mausolée... Aucune parole ne saurait exprimer la chaste beauté de cette chambre centrale aperçue dans la douce obscurité d'une lumière lointaine... C'est le plus gracieux et le plus émouvant des sépulcres qui soit au monde. (FERGUSSON, *History of India and Eastern Architecture.*)

courbe sur le corps de l'exquise reine, tout en marbre, en marbre blanc pur comme l'enfant dont il abrite l'éternel sommeil. Et, une fois l'œuvre terminée, pour être sûr que, plus jamais, rien d'aussi beau ne pourra être construit, il appelle l'architecte, un Français, dit-on, qui a réalisé ce monument de rêve, et du haut d'un des pylônes le fait précipiter sur le sol où il s'écrase.

Lorsqu'il mourut à son tour, Shah Jahan fut placé à côté de celle qu'il avait tant aimée et depuis rien n'a troublé la paix somptueuse où reposent ses cendres.

II

La citadelle de Delhi, construite par Shah
Jahan, est une vaste enceinte de grès rouge où se
presse sur un rectangle long de trois kilomètres,
large de deux, toute une ville de marbre, avec des
salles d'audience, des palais, des mosquées. Ce
« fort » est énorme; il se dresse, imposant et
sombre, comme un gros gâteau rutilant sur la
nappe poudreuse du sol environnant. Les hautes
murailles trouées de place en place de redoutables
portes à tours et à pont-levis, s'arcboutent puis-
samment sur le fond des fossés. C'est massif et
rude.

Dès que, par la porte de Lahore, la voiture a
franchi l'épais rempart tout gonflé du terre-plein
des terrasses, l'unité d'impression disparaît. Les
Anglais ont rasé la majeure partie des construc-

tions pour dresser à leurs places de longues et tristes casernes de briques dont la laideur insulte aux délicieux monuments encore debout. Tamerlan, Nadir-Shah, en 1398 et en 1735, ont dévasté Delhi, mais ils se sont montrés moins sauvages que les Anglais, destructeurs méthodiques. Ces lieux de splendeur sont mutilés presque incurablement. Aujourd'hui on veut réparer un peu le mal; on plante des jardins (à l'anglaise, naturellement) entre le Divan-i-am et le Divan-i-kas ; mais on ne relèvera pas les édifices tombés, on ne replacera pas les pierres précieuses arrachées aux mosaïques, les incrustations d'or grattées, les plombs des bains arrachés, les arbres séculaires abattus sous lesquels, jadis, Shah Jahan se délassait en fumant et rêvant, près du Rang-Mahal.

A travers des longues cours mélancoliques, une interminable allée s'enfonce toute droite jusqu'au Divan-i-am; les larges pavés de grès grisâtre, où le soleil fait briller des micas, se soulèvent inégalement; une chaleur de four en émane. Dans le silence où tout semble assoupi, le bruit des pas choque; on baisse la voix, qui détonne dans la paix morne. Comme tout cela est vieux, abandonné !

Au bout de l'avenue, une sorte de salle à colonnes dresse sa masse rougeâtre, de grès friable. Dans son ombre, qui rafraîchit les yeux, on finit par apercevoir des mosaïques aux arabesques de couleur; c'est là où s'érigeait jadis le précieux trône des Paons, tout d'ivoire, d'or massif et de pierres rares, dont la splendeur orne aujourd'hui le palais des Shahs, à Téhéran. Il ne reste plus à présent, dans cette salle de justice, que la table à degrés, usée par les genoux nus, où les suppliants devaient monter pour remettre leurs requêtes.

Plus loin, après un dédale de cours encore, où combattaient les éléphants et les tigres, on arrive à des terrasses au bord de la Jumma. Le paysage est mélancolique. La rivière, qui autrefois bordait le palais, s'est retirée en même temps que les maîtres de ce féerique domaine et les balustres de pierre qui bordent le jardin surplombent aujourd'hui de pauvres terrains maigres. C'est à ces confins du palais, devant la plaine immense où scintille au loin la Jumma, dans le coin le

plus reculé de l'énorme fort qu'on découvre le
Divan-i-kas, le Jehangir-Mahal et les Zenanas.
C'est une suite de salles soutenues par des piliers, de petites pièces à plafond bas, de couloirs frais où le jour se tamise à travers des
fenêtres de marbre ajouré, découpé en dentelle
délicate; les murs sont incrustés de pierres mul-
ticolores; le sol est pavé de marbre luisant, doucement patiné.

La plus belle de ces salles, le Divan-i-kas, est
soutenue par de grosses colonnes carrées, réunies
deux à deux par d'exquises ogives à découpures;
tout est d'albâtre et de marbre clair. Mille incrustations d'oiseaux et de fleurs de toutes couleurs
courent légèrement le long des piliers, escaladent
les chapiteaux, s'enroulent amoureusement autour
des voussures et s'épanouissent aux voûtes en
larges fleurs toutes couvertes de topazes, de tur-
quoises et d'améthystes. Par endroits, le marbre
arrondit ses luisances, harmonise ses tons pâles
et doux au coloris des pierres enchâssées et détache sur la clarté blanche du ciel ses découpures
subtiles.

Tout ceci est aérien et charmant dans la demi-

lumière qui flotte sous ces plafonds : véritable séjour de délices, demeure de rêves qui arracha au
voluptueux Mogol ce cri d'amour gravé en lettres
d'or sur l'albâtre : « S'il est un paradis sur terre,
c'est ici, c'est ici, c'est ici... »

Tout à côté, les Zenanas et les bains de femmes,
labyrinthe de petites chambres mystérieuses, fraîches à souhait dans leurs parois de marbre lisse.
Ici, c'est la chambre de la sultane, là son salon de
repos, là la salle des bains froids, à côté celle des
bains chauds ; plus loin encore, toujours se com-
mandant l'une l'autre en un damier inextricable,
ce sont des chambres immaculées, des bains pour
les autres femmes. Partout la fraîcheur de l'ombre,
la douceur du demi-jour. Des vasques de jade
pâle se creusent remplies d'eau limpide : on entend le frais murmure de l'eau qui s'écoule. Le long
des murs, des bancs d'albâtre, mollement arron-
dis, semblent attendre encore le repos des belles
dormeuses de jadis. Tout un peuple de sultanes,
choisies parmi les plus séduisantes, ont vécu là,
cloîtrées dans ce paradis de marbre où les jours
passèrent pour elles lents et voluptueux. Et l'on
évoque le souvenir de la plus belle, de la mieux

aimée, celui de la reine Arzumand, l'exquise favorite, accompagnée de ses suivantes, errant nonchalamment, comblée et vaguement lasse, d'une salle à l'autre, tout son petit corps vêtu de voiles somptueux et chargé de bijoux, bracelets lourds, diadèmes et colliers pesants, et s'accoudant songeuse dans sa loggia de dentelle en face du grand espace triste, tout embué des vapeurs du soir...

*

* *

Au sortir de ce rêve, on retombe brusquement dans la réalité; elle se présente sous la forme d'un vieil Anglais, vêtu et casqué de blanc, détenteur des clefs de la « Moti Musjid », de la « Perle des Mosquées », proche des appartements privés et réservés au roi. Ce coin pour la prière termine délicieusement ces lieux uniques au monde; toute blanche, minuscule sous ses trois dômes, la Perle des Mosquées est un véritable bijou, harmonieux et souple; une paix délicate et subtile flotte entre ses colonnes sous sa voûte légère, témoin jadis des longues méditations des puissants empereurs, toujours intact et debout, dans sa pâleur indifférente, alors que depuis longtemps les rois qui vinrent chercher près de lui le repos et l'espoir ne sont plus que poussière.

III

Après la Delhi actuelle, la visite de ce qui reste
des anciennes Delhis. Des ruines et des ruines qui
jonchent un vaste espace mort de cent milles carrés ; il faudrait là encore de longues journées pour
tout voir, pour reconstituer patiemment les souvenirs attachés à ces restes de colonnades, à ces
débris de temples, à ces écroulements de dômes
éparpillés dans le désert morne. Après avoir tra-
versé le pont du chemin de fer, et laissé à gauche
la route de Mutra, la voiture file vers le sud sur
un mauvais chemin poudreux.

Tout le long de la route, à droite et à gauche,
des pans de murailles, des vestiges de rues, des
restes de tombeaux, des morceaux de remparts,
des parties de maisons à demi ensevelies sous la
poussière : on touche du doigt l'énorme passé qui

achève d'agoniser; et au milieu de ces ruines, de pauvres indigènes ont élu domicile, vivant là, hâves et misérables, dans des tanières de pierres branlantes, ombres falotes à peine entrevues, évanouies déjà derrière quelque colonne.

Et ça dure pendant des kilomètres; presque partout la hauteur des décombres s'abaisse en tertres vagues noyés par le sable, pauvres pierres définitivement tombées, tassées sur elles-mêmes, et reprises par la terre. Parfois, les ruines surgissent plus nettes; c'est ce qui reste de quelque quartier riche mieux construit que le temps a plus de peine à réduire; et la plaine immense est couverte, à perte de vue, de ces débris hindous, afghans, mogols; dans toutes les directions, partout où le regard s'inquiète, il n'aperçoit que la désolation des choses mortes et déchiquetées.

A six milles du point de départ, cependant, une belle construction, solitaire au milieu de la campagne aride, s'élève large et majestueuse; de loin, elle apparaît comme un somptueux château; les jardins qui l'entourent, symétriques et nets, coupés de bassins tracés en croix, lui font un cadre plaisant. C'est le mausolée de Saf-dar-Yang, en

grès du dix-huitième siècle; son gros dôme blanc,
ses tours carrées posées sur une vaste terrasse
s'éclairent d'une jolie couleur.

Je m'arrête quelques instants pour le visiter et
faire souffler les chevaux; me voici errant au
milieu des parterres et des arbres taillés; dans la
lumière douce, l'eau des bassins luit et je jouis
délicieusement de l'heure tardive à l'ombre des ifs
et des marronniers, aspirant avec volupté l'arome
violent des jasmins et des roses.

Je vois alors, venant lentement vers moi, deux
jeunes musulmanes : leurs robes légères, roses et
vertes, irisées du reflet de l'eau et des arbres, les
pare d'une grâce précieuse et naïve; le détail en
est exquis, car le ton des dessins tramés lourds
sur les voiles fragiles y miroite dans la lumière.
Je les salue et me tient debout devant elles, ravi
du sourire qui me répond, après une petite hésita-
tion. Quels rires gais et clairs quand j'essaye des
compliments en hindi baroque et en mauvais
anglais! Quelle jolie coquetterie pour me tendre
à baiser leurs mains fines et brunes! Et quel
étonnement de les voir soudain baisser précipitamment leurs voiles et fuir, leurs frais visages

tout à coup angoissés, parce que paraissent au bout de l'allée mon boy et le gardien du mausolée. Pauvres petites esclaves, quand secouerez-vous le joug de vos maîtres? Quand oserez-vous enfin, comme vos sœurs de Turquie, réclamer vos droits à une vie plus libre et plus fière? Merci, en tout cas, de m'avoir prouvé aujourd'hui par votre confiance prime-sautière et charmante que ce n'est pas la haine qui vous éloigne de nous, si vite effarouchées, mais bien la peur du tyran...

Après cinq milles encore, parcourus au trot régulier des chevaux à travers la lande grise, toujours bosselée de tombes et de pierres usées, immense cimetière d'une immense cité d'où se dégage à la longue une tristesse infinie, j'arrive au terme extrême de cette désolation, au Kotub. Cette tour de grès rouge et blanc se dresse intacte haute de deux cent cinquante pieds: seule au milieu du résidu des antiques Delhis, elle a défié le temps et comme un phare dressé à la pointe de ce continent plein de ruines, elle domine l'océan triste du désert qui commence là. Partout, dans la grande plaine, c'est la mort et le silence et au

moment où le soleil plonge derrière cet horizon
de détresse, je remonte en voiture, le cœur serré,
pour parcourir en sens inverse, la nuit, les
onze milles qui me séparent de Delhi.

LAHORE

C'est encore ici un tout autre pays où les maisons, les avenues, les habitants diffèrent de ceux vus ailleurs.

La ville anglaise est la plus importante certainement depuis Bombay ; tout y est net et soigné, les avenues élégantes et faciles, les immenses villas bien espacées, les parcs plantés d'arbres paisibles, les beaux jardins remplis de fleurs et de statues. Les Anglais ont réussi là un gros effort et, vraiment à cette heure matinale, le grand parc, le Lawrence Garden sont tout à fait délicieux ; c'est une joie physique de voir des Hindous arroser avec de gros jets d'eau fraîche les vastes pelouses grasses, les corbeilles brillantes, les massifs épais taillés comme à Versailles ; il y a si longtemps déjà qu'on a laissé derrière soi tout aspect de verdure et d'humidité que ceux-ci surprennent et ravissent. On se croirait dans la campagne anglaise : des haies bien tondues courent le long des avenues au macadam irréprochable; des allées de sable jaune, soigneusement ratissées, s'étalent en méandres à travers les pelouses; parfois la barrière blanche d'un cottage ou d'un enclos déroule son clair ruban sur la prairie luisante. Partout s'affirment le bon ordre, le luxe confortable et paisible, la netteté méticuleuse si chers aux Anglais; on sent l'emprise tranquille et forte de ce peuple sur ce coin de terre où il a reconstitué de toutes pièces quelque paysage de Sussex, de Kent ou de Norfolk.

Même les indigènes qu'il emploie s'imprègnent de son allure; ses agents, les agents du gouvernement, vêtus de rouge vif, conduisant d'énormes voitures des postes attelées de deux chameaux où d'éléphants trotteurs couverts de drap écarlate, se montrent pleins de morgue et d'assurance. Tout ce qu'il touche se transforme et se modernise.

Par contre la ville native est restée ce qu'elle était au milieu du siècle dernier, à la mort de Ranjit Singh, le dernier roi de Lahore. Je l'ai parcourue lentement, passant devant les mille échoppes, visitant chaque carrefour, chaque ruelle, chaque recoin, et j'ai été très déçu.

Est-ce accoutumance? Est-ce clairvoyance particulière pendant cette matinée brumeuse, sans soleil? Je ne sais, mais il m'est impossible de m'enthousiasmer comme autrefois. La saleté, la promiscuité grouillante de tout ce bas peuple, les odeurs suffocantes, les nuages de mouches, tout cela m'inspire aujourd'hui un dégoût profond.

Quand le soleil étincelle, il joue avec ces ordures et y accroche ses féeries : il change en diamants les éclats de verre, en émeraude les tessons de bouteilles, en lingots les vieilles ferrailles; de tous ces fumiers il fait jaillir des feux d'artifice; il dore les murs lépreux, les auréole de splendeur; il anime d'une vie glorieuse les oripeaux, les hardes effilochées que le vent soulève. Mais qu'il arrive à manquer, que l'atmosphère, privée de l'or de ses rayons, devienne subitement grise, toute illusion disparaît : chaque objet reprend sa vraie valeur, le pittoresque se mue en pouillerie et ce changement devient une souffrance à laquelle les sens n'échappent pas.

Les étalages sont écœurants : les gâteaux, les fritures, les viandes sont recouverts d'une épaisse couche de poussière et de mouches. Oh ! la misère de ces éventaires où des charognes voisinent avec de pauvres fruits pourris ! Et toujours ces mouches par milliards que les gestes des marchands, des acheteurs (car il y a des acheteurs pour ces denrées minables) soulèvent en envols aveuglants.

Des vaches intangibles et vénérées errent en liberté, se battant les flancs de la queue, s'arrêtant le cou tordu, le mufle vers l'épaule pour chasser les taons, éclaboussant leur bouse sur les jarrets, barrant la circulation.

Le peuple d'ailleurs ne se soucie guère de toute cette ordure et circule, à rangs pressés, dans ces couloirs où l'on peut à peine se frayer un passage. Entre les maisons de bois aux portes très fouillées mais si délabrées, la foule se tasse, se bouscule dans un bariolage de couleurs inconcevable ; la misère des vêtements s'affirme cruellement et telle loque drapée qu'un rais de soleil ferait éclatante et blanche se montre terne, toute maculée, souillée de graisse ou de boue. Les femmes hindoues sous leurs charges de bijoux aux bras, aux jambes, aux mains, aux pieds sont bien laides à voir ce matin avec leurs fards grossiers. Rien n'est fait pour cette lumière pâle; il n'y a plus accord entre le tableau et l'éclairage et tout détonne cruellement comme détonnerait en plein jour le maquillage d'une actrice prête à affronter la rampe d'une scène.

Et toutes les habitations, pauvres taudis branlants déviés par l'âge, sont pressées l'une sur l'autre, une maison épaulant la voisine, les mosquées sont fichées n'importe comment dans le tas : la mosquée de Vazir Khan avec ses carreaux de faïence de Perse, avec ses minarets, son cloître, son tombeau; la mosquée d'Or avec ses trois coupoles brillantes et son large escalier; le mausolée d'Amar Kali, cette pauvre esclave favorite d'Akbar qu'il enterra vivante sous ces dalles pour avoir souri trop tendrement à son fils Jehangir... tout cela sans air, sans espace, dans une atmosphère fétide, suffocante de relents de graillon, d'étable et de sueur humaine.

*
* *

A l'entrée du « fort », car Lahore possède aussi son « fort », tout comme Delhi, un sous-officier anglais, en kaki, ne me laisse pénétrer qu'après un long examen de mon permis de visiter. Le soldat, qui me guide, badine en main, jugulaire au menton, me confie qu'il est engagé pour passer trois ans dans l'Inde, qu'il en a encore pour deux années et qu'il aspire après la « **Old England** », trouvant le pays odieux et le service pénible. Il faut que ce pauvre garçon soit bien découragé pour se confier ainsi au premier étranger venu. Je crois qu'ils pensent tous ainsi et qu'ils taxent de temps d'exil les jours vécus ici. — Les Anglais sont très fiers de leurs Indes, mais ils ne s'y plaisent pas.

Dans le fort, c'est encore une déception. Comme elles sont banales, après Delhi, ces constructions de brique et ces cours tristes où l'on a presque tout rasé.

D'abord on me montre le musée. Pauvre musée! une salle longue de dix mètres à peine où, sur les murs, on a rangé des armes : massues ferrées, javelots, fusils à pierre, tout le rébus des vieilles ferrailles; dans un coin, sous la poussière, des cuirasses des régiments commandés autrefois par des officiers français où se trouve plaqué en cuivre l'effigie du coq gaulois...

Puis le palais même de Rumfel Singh! Est-ce bien là la demeure du fameux roi de Lahore, du possesseur de l'inestimable Koh-i-nor? C'est misérable à faire pleurer! Quel pauvre Divan-i-kas! Seul le Zénana arrête un peu l'attention avec ses chambres fraîches incrustées de verroteries de couleur, tapissées de mille facettes;... et cependant c'est bien grossier et surtout délabré; nous voici loin des merveilles si pures du palais de la Jumma et des chefs-d'œuvre si parfaitement conservés de Shah Jahan!

Allons! n'insistons pas... puisque je trouve toutes choses si laides! Il y a des jours où rien ne réussit, où les choses se font hostiles; peut-être aussi ai-je voulu trouver à Lahore ce qui n'existe pas. C'est surtout une ville anglaise, une des rares cités du pays restée neutre en 1857, où la vie indigène s'anémie de plus en plus et cède peu à peu devant la forte vitalité anglo-saxonne.

LUKNOW

Luknow! Ce nom, qui claque en coup de fouet, fait jaillir de la mémoire le souvenir des luttes d'autrefois. L'employé européen le lance le long du train comme un défi et une menace. A l'entendre chaque Indien tressaille; il est synonyme pour lui de rancune et de deuil; pour tout Anglais, au contraire, il est un symbole de volonté et d'énergie triomphante. Ni l'un ni l'autre n'ont oublié! et de même que le long de notre frontière de l'Est, l'on vit avec la pensée de l'ennemi toujours haï, de même ici chacun garde intact le souvenir des atrocités passées.

Les Anglais, durs et rogues, font toujours à Luknow figure de conquérants : leur discipline est implacable; et avec les natifs leurs rapports restent empreints d'une sorte de défiance, d'un ressentiment traditionnel que cinquante années de soumission ne sont pas parvenues à dissiper. Dans la gare, dont l'orgueilleux hall vitré trépide et vibre du travail de cent locomotives, presque tous les employés sont anglais; dans la rue, les policemen, tous européens, sont plus nombreux qu'à Bombay ou à Calcutta. Les édifices publics ont leurs fenêtres grillées et à chaque pas l'on croise des soldats, virils et pâles; presque pas de militaires natifs.

L'Angleterre a concentré ici une formidable organisation militaire : garnison de choix et nombreuse; approvisionnements accumulés; immenses parcs d'artillerie; dépôts de canons, d'armes, de munitions; remonte de chevaux et d'éléphants qu'on dresse à porter le bât. Tout y a été accumulé comme si la révolte devait recommencer un jour!

Celle de 1857 fut terrible; pour débuter, tous les officiers du 7e régiment irrégulier furent massacrés, égorgés jusque dans leurs lits; il y eut des scènes d'affreuse sauvagerie; la haine crevait à flot; tout Européen pris était tué sur-le-champ. On éventrait les femmes, on mutilait les enfants.

L'histoire des survivants pendant les mois sui-
vants est émouvante. Réduits à trois cents à peine,
retranchés dans la résidence, leur dernier refuge
au milieu des rebelles, les malheureux assiégés
vécurent des jours d'angoisse et de désespoir. La
faim, la soif, la maladie les torturaient. Successivement périrent sir Henri Lawrence, le major
Bank. Chaque jour des sorties causaient de nouvelles pertes : les femmes luttaient comme les
hommes. Le brigadier Inglis, successeur de Bank,
réussit à tenir, mais au prix de quelles souffrances,
jusqu'à l'arrivée des renforts du général Havelok ;
ce dernier, assiégé à son tour, allait être obligé de
se rendre, quand sir Colin Campbell parvint à le
délivrer. Il était temps : la plupart agonisaient.

La vengeance fut terrible : trois mille cipayes
furent massacrés de sang-froid dans les délicieux
jardins de Sikanderabad où depuis, ainsi le veut
la légende, toutes les fleurs croissent rouges. La
ville indigène fut entièrement rasée, les pierres
transportées au loin, les décombres nivelés, sauf
quelques monuments qu'il eût été inutile et bar-
bare de jeter bas ; et sur l'emplacement de l'ancien bazar, des gazons, des massifs, des arbres,

tout un parc, parsemé de statues et de fleurs, a
été planté. Les ruines de la résidence, pieusement
entretenues sur les pelouses soignées, se dressent
tragiques, malgré le lierre et la verdure qui les
habille; au milieu d'elles, une pierre conserve les
noms, et la liste est bien longue, de ceux qui
tombèrent là. J'ai vu le petit cimetière où ils
reposent groupés autour de leurs chefs : il y fait
une paix délicieuse parmi les buis et les rosiers.

Une nouvelle ville indigène de 270 000 habitants s'est reformée non loin, analogue à toutes
celles déjà vues; bazars sales et peu appétissants;
foule déguenillée et malodorante, décors charmants vus par le soleil et si tristes dans leur
réalité.

*
* *

Le monument le plus intéressant est certainement le collège de la Martinière, situé au delà du
parc de Wingfield, parc à l'anglaise naturellement,
parsemé de statues grecques et romaines qui
détonnent étrangement dans ce pays rien moins
que classique et de quelques kiosques conservés

de l'ancienne cité. Les bâtiments du collège fondé par le général Claude Martin, un Français de Lyon, sont importants : figurez-vous un immense hémicycle bordé de hautes bâtisses ; au centre, un grand corps de logis, où l'on accède par un escalier à double révolution orné de statues antiques, dresse sa façade grise couronnée d'un fronton ajouré et d'énormes figures à masques de pierre ; l'ensemble, de tonalité grise, comme fatiguée par l'âge, est original et assez imposant ; une devise s'inscrit au-dessus de l'entrée : *Labor et constantia*. Décidément c'est un lieu d'élection de l'âme latine... En face, dans l'axe de la cour d'honneur et jaillissant d'une sorte d'étang, une haute colonne commémorative se dresse jusqu'à une trentaine de mètres. Tout autour, des jardins ombreux montrent leurs très vieux arbres et leurs éternelles pelouses vertes et drues qu'on voit partout ici.

C'est une étrange et intéressante carrière que celle de Claude Martin, de ce soldat de fortune (il en existait encore en ces temps héroïques) qui vint aux Indes comme simple fusilier au régiment de Lorraine, sous Lally, qui successivement se mit ensuite au service de la Compagnie des Indes et des Nababs d'Outh pour finir riche et major-général à Luknow où il mourut en 1800. En mourant il fit trois parts de son énorme fortune destinées à la fondation de collèges à Lyon, sa ville natale, à Calcutta et à Luknow.

Celui-ci est fort animé et semble en pleine prospérité. Les vieilles cours grises s'animent tout à coup de bandes d'écoliers, aussi bruyants, aussi turbulents que les nôtres. Toutes les récréations de collégiens se ressemblent et en fermant les yeux pour ne plus voir les faces bronzées des petits Indiens, les oreilles retrouvent les bruits familiers d'Eton ou de Stanislas.

Après avoir frappé vainement à la porte du muséum fermé pour trois mois, je commence la visite des extraordinaires monuments de Luknow laissés debout par les Anglais. Luknow est une ville relativement moderne et la plupart de ces énormes édifices ont été bâtis par les princes d'Outh, depuis 1775. Et, disons-le de suite, avec leurs proportions démesurées et la bizarrerie de leurs formes, ils sont assez peu séduisants; c'est de la brique, la seule pierre du pays, badigeonnée de chaux peinte généralement d'un seul ton avec des rehauts blancs. De loin, l'aspect est splendide et c'est l'âme émue d'étonnement et d'admiration que l'on s'approche de ces vastes palais comme le grand Imanbarah, comme le mausolée d'Husaïnabad, comme le Kaiser Dagh et le Moti Mahal; mais, à dix pas, il ne reste plus rien de cet enchantement; la matière est par trop vile et le travail de décoration déshonorerait des enfants...

Le plus grand de tous, le grand Imanbarah, mélange d'architecture sarrasine, persane et mogole, crêté d'une étonnante dentelure de pierre, se compose de plusieurs bâtiments dont les salles vides et délabrées entourent de vastes cours où l'on pénètre par des portes monumentales, telle la Zenana Ghat. Tout est immense : ainsi la grande galerie centrale ne mesure pas moins de quatre-vingt-quatorze mètres de longueur sur dix-sept de largeur : c'est certainement l'une des plus étendues du monde ; mais que penser de ce désert aux dalles défoncées, aux parois décorées comme les murs d'une caserne, si l'on songe à la galerie des glaces de Versailles, ou mieux encore à n'importe quelle nef de nos cathédrales ? L'absurdité de la comparaison est évidente et il faut avoir le courage de le dire une bonne fois, l'exagération des proportions, l'abus des ornements géants remplaçant l'élégance des lignes, la pauvreté de la matière sont bien souvent les caractéristiques des constructions indiennes. Nous sommes loin de la pureté, de la sobriété, de la robustesse idéales dont Rome et Athènes ont nourri notre goût architectural.

Certes il y a des merveilles parmi la nombreuse variété des styles indiens : on peut et on doit admirer le fameux temple monolithique d'Ellora, le Kaïlas, le palais de Tandjore d'architecture dravidienne, le temple d'or d'Amritsar, celui de Binderaban et le Vishveshvar de Bénarès du plus pur dessin indo-aryen, les mosquées persanes d'Ajmere, de Bijapour, le Kotub, les palais mogols de Delhi et d'Agra et surtout le chef-d'œuvre des chefs-d'œuvre, le Taj-Mahal. Mais, à tout prendre, ces monuments dignes d'admiration sincère sont bien peu nombreux parmi l'incalculable quantité de temples, de palais, de mosquées, de tombeaux, qui couvrent le pays, et ne justifient que pour eux la réputation acquise dans le monde entier aux constructions indiennes.

Et remarquez que toute cette architecture ne saurait être autre : elle est adéquate au climat et au sol. Au milieu de cette nature disproportionnée, violente, excessive, où tout naît, vit et meurt plus vite qu'ailleurs, l'art s'est formé tout naturellement énorme et brutal. L'homme, fatigué, accablé dans cet univers monstrueux, n'a pas su trouver une norme pondérée; d'ailleurs il ne l'a pas cherchée... ne lui a-t-on pas dit que rien n'est stable, que tout devient pour disparaitre, que le monde est comme une flamme qui jaillit, s'avive et s'éteint pour être suivie d'une autre et ainsi de suite. Que vaut dès lors de lutter, puisque soimême on n'est qu'un ensemble de forces réunies pour quelque temps, si vite destinées à disparaitre. De là ces résultats déconcertants, fantaisies inspirées du moment, exagérations impulsives, constructions hâtives et viles, bâties sans esprit de durée, art spontané et libre de toute esthétique, du moins telle que nous la concevons. L'art indien a produit quelques rares œuvres admirables. Pour le reste, il a surtout enfanté des monstres informes et inintelligibles.

BÉNARÈS

I

Bénarès, la ville sainte.

Elle apparaît vétuste et puissante; une foule circule au creux des rues compliquées. La même foule, il y a vingt-cinq siècles, polissait déjà de son frottement la pierre des même murailles. Et l'ombre immobile des couloirs et des cours conserve un éternel parfum de musc frais et de miel. Des empires ont vécu et sont morts; des civilisations, lentement édifiées, ont croulé : Bénarès a vaincu le temps, toujours plus splendide.

Elle entasse, au bord du Gange divin, ses mille temples, ses trois cents mosquées, et ses maisons; elle pointe, dans le ciel éblouissant, ses cônes sculptés et dorés, ses pyramides à figures divines. Ses palais séculaires ont des parures de roses et d'asphodèles; des lingams, des idoles, des puits sacrés ornent ses carrefours.

A l'encontre des villes du Nord, aucun envahisseur ne la traita avec rudesse; comme une fleur énorme et vénéneuse, elle s'élargit, intacte, dans la vapeur du fleuve. Bénarès est hindoue; elle a l'odeur et la couleur de l'Inde classique; elle est le cerveau hindou et c'est dans la lourde jungle qui frissonne alentour qu'ont palpité les premiers rêves du brahmanisme. Çakia Mouni naquit à quelques lieues de là et quand il vint prêcher sous les arceaux des temples, il accomplit la première conquête.

Cette cité est singulière et magnifique, avec la profusion des lieux de prière que des peuples y ont dressés; à chaque angle de rue, l'architecte a creusé une chapelle : un dieu se cache au fond; au-dessus des portes, des niches recèlent des divinités difformes; sur les larges dalles où l'on glisse, on heurte à tous les pas des lingams; on circule à travers les sanctuaires, comme, dans un

sentier de cimetière, entre les rangées de tombes.
Ici la religion a tout envahi : on sent qu'elle prend
à l'individu chaque minute de sa vie; elle s'étale
réclamière et violente. Il existe à Bénarès plus
d'idoles que d'habitants. A tous les frontons s'exaspèrent des figures divines, enchevêtrées en rudes
querelles. Chaque pierre est sacrée.

Et l'on se demande quelle est la puissance
dans cette éternelle fête religieuse des vingt-cinq
mille brahmanes que nourrit Bénarès.

Parmi la foule, circulent des bêtes saintes :
des vaches qui mâchent des fleurs; des singes qui
jacassent, accrochés à des terrasses. Les autels
fument et répandent une odeur de beurre fondu.
Des brahmanes à figure blanche accomplissent le
rite aux diverses chapelles des dieux inégaux.
Des litanies bourdonnent. Les échoppes étalent
leurs objets religieux, statuettes multiples, fleurs
en guirlandes, pierres taillées, emblèmes phalli-
ques.

Et le peuple entier psalmodie dans une folie de
prière.

*
* *

C'est au bord du Gange, du Gange sacré, du Fleuve-dieu que se révèle surtout l'étrange vie de Bénarès ; des spectacles merveilleux s'y déroulent, polychromes et turbulents, en d'excessifs décors.

J'y arrive dès les premières lueurs du jour. Sous la brume irisée qui s'élève du fleuve, j'aperçois l'eau jaune et lourde ; elle glisse opaque avec des reflets d'huile. En face, sur l'autre rive, une campagne terne s'évanouit au loin et à plat : c'est une morne plaine. De mon côté, ensuite, mon regard explore la berge... A l'infini, le long d'une courbe fuyante, je découvre des constructions énormes et diverses où se cristallisent les rayons du soleil levant.

A mes pieds, un vaste escalier de pierre descend jusqu'à l'eau ; une barque y est amarrée.

Dès que j'y ai sauté, deux longs Hindous nus commencent à ramer, debout ; ils fendent l'eau de biais jusqu'en plein courant. Alors, la rive entière se développe.

Le long d'une lieue, sur la berge étagée, s'étale au prodigieux amoncellement de palais, de tours, de sanctuaires, de flèches. Tout cela se presse en désordre, chaotique et menaçant, jetant vers le fleuve d'innombrables degrés dont les derniers s'enfoncent sous l'eau.

Il y a là des palais hauts de cent cinquante pieds troués d'étroites fenêtres qui s'alignent à trente mètres du sol; des tours farouches pleines de silence et d'effroi; des menaces de forteresses qui dominent les ghâts (1). Les sanctuaires sont innombrables, plus de mille; temples sculptés, pagodes à galeries, mosquées où pointent des minarets, chapelles serties de balustres, s'escaladant, se ruant avec colère vers la rive, à qui l'approchera le plus.

A Bénarès, plus un sanctuaire est voisin de l'eau divine, plus il est sacré.

---

(1) Le mot « ghât » est synonyme d'escalier. Chacun de ces ghâts à un nom : l'Assi, le Shivala, le Kidar, le Munshi, le Chaniati, le Dasaswamed, surtout fréquenté au moment des éclipses, le Burning où l'on brûle les morts, le Manakarna, le Panch Ganga, le Mandir, le Rajah, le Sundia, etc., etc.

Certains temples trop audacieux ont glissé avec la berge glaiseuse ; en voici un : il a coulé d'un bloc ; aujourd'hui, il émerge à demi, tout de travers. Des marches aussi s'enfoncent lentement. De tout temps des murailles entières sont parties, emportées par le dieu dévorant ; inlassablement on reconstruit et on répare.

Cet amoncellement est splendide ; la multiple rangée des édifices s'allonge dans la lumière éblouissante ; les coupoles brillent ; les marbres étincellent... seul le feuillage des vieux arbres jaillis entre les pierres paraît noir dans une telle clarté.

Et sur la rive, une multitude s'agite : tout un peuple, accouru de l'Inde entière, se concentre ici. Il en est ainsi chaque matin et chaque soir pour les prières et pour les ablutions. Ils sont venus par milliers : des hommes et des enfants, des prêtres et des femmes, des hordes de pèlerins. Ils encombrent les marches, éclaboussent l'eau jaunâtre. Beaucoup, à l'abri de parasols de paille, se tiennent accroupis. Tous font des gestes étranges que reflète à l'infini le miroir de l'eau.

Dans cette foule si diverse, qui monte et descend les degrés, qui dégringole par grappes dans l'eau, on aperçoit des prêtres en prières, des femmes qui se drapent, des mendiants qui implorent. Chacun vaque à ses affaires, s'occupe de mille soins, spirituels ou temporels, inconscient d'évoluer dans un décor divin sur une scène incomparable.

D'exquises couleurs palpitent dans cette cohue, du mauve, du gris, du rose, du jaune, en mille petites taches que le soleil enflamme. Une lumière radieuse vibre dans l'air chaud, s'accroche aux terrasses, empourpre la luisance des dalles, s'exaspère à l'or des cônes.

La barque s'est rapprochée du bord; elle suit lentement le courant. Les « ghâts » défilent comme sur une immense toile de fond. On distingue au-dessus d'eux de rudes châteaux flanqués de tours, des piliers énormes tout disloqués et à demi noyés, des pyramides hérissées de reliefs, des terrasses suspendues où prient des brahmanes.

De près, on perçoit la vieillesse de ces édifices; ils remontent au plus lointain passé de la ville hindoue, à ces temps fabuleux où l'histoire est légende. Quand Thèbes sortait à peine des sables, quand Athènes n'était qu'un pauvre hameau caché sous les myrtes et les oliviers, ces palais portaient déjà la patine des siècles accumulés. Celui-ci, énorme et rose, qui avance vers le ciel ses balcons sculptés, est contemporain de Moïse : son âge est gravé sur la pierre.

D'autres se construisent à côté : car la vie ne s'arrête jamais. Elle continue ici, à sa manière, l'œuvre séculaire.

Nous arrivons tout près du bord, à peu de mètres des acteurs de cette éternelle estrade. Une odeur de bain public sort de l'eau remuée; des chants se précisent. L'animation est extrême.

L'œil indécis distingue mal d'abord dans la confusion des corps; ils sont trop. Puis des groupes se dessinent, vieux Hindous à la peau plissée, aux vertèbres saillantes, venus de loin attendre ici une mort libératrice et sainte; brahmanes gras et blancs, assis sous les ombrelles tressées, marmottant des textes sacrés, le regard fixé sur le Gange; femmes gracieuses, drapées de longues nuances vives, implorant le soleil, les bras levés. Dans l'eau des enfants, vifs dans leur nudité brune, nagent et jouent; de tout petits s'appuient sur de gros fruits.

La barque frôle la tente d'un bain privé; entre deux toiles j'aperçois la délicate silhouette d'une « purdah lady »; elle se laisse glisser dans l'eau... après quelques instants de prière, elle sort de son bain et des servantes s'empressent.

Dans cette eau qui lave les âmes, on lave beaucoup les corps; on se savonne, on se rince la bouche, on se frictionne la peau; tous ces soins de toilette sont pris publiquement. On fait sa lessive aussi, des blanchisseurs agenouillés tordent du linge dont ils flagellent une pierre plate. On puise de l'eau; une femme, gracieuse dans son long voile violet, se penche, emplit son vase de cuivre, le place sur l'épaule où elle le maintient et remonte les marches, sculpturale et droite. Des pèlerins, par bandes, assis sur les dalles, se font raser le crâne avant la prière; au milieu d'eux, une vache profile sa silhouette paisible. Un groupe remonte péniblement les marches; c'est un vieillard podagre, au triple ventre bouffi, que l'on ramène après ses ablutions religieuses.

*
* *

Le plus déconcertant, ce sont les gestes de
tous ces êtres : agitation inexplicable à qui n'est
pas initié et si bizarre parfois!

Que font ces deux jeunes femmes, plongées
dans l'eau jusqu'aux aisselles, à se pincer mutuel-
lement le nez à bout de bras, convaincues et opi-
niâtres? Pourquoi cet homme grave, qui ressemble avec ses lunettes à un professeur allemand, flagelle-t-il indéfiniment l'eau avec la
main droite, d'un mouvement répété et stupide?
Dans quel but mystérieux cette vieille à tignasse
blanche tourne-t-elle sans arrêt sur elle-même?
Ses vieux seins flasques sursautent à chaque
volte; on jurerait une pauvre folle. Et que peut
bien signifier de laisser ruisseler l'eau, par
gouttes, entre les doigts écartés?... Incompréhensible vraiment toute cette pantomime qui se répète
à l'infini. Parfois les attitudes sont belles : ce
brahmane, long drapé debout sur la dernière
marche, les bras levés au ciel dans un frénétique

élan d'adoration, est étonnant d'ardeur et de volonté...

Un peu à l'écart, dans des niches creusées dans la maçonnerie, où s'accolent au mur des statues divines, des prêtres sont assis, long vêtus; ceux-là nous considèrent d'un vilain regard agressif.

Le Gange charrie lentement des fleurs brillantes, des détritus, des cadavres gonflés de chiens ou de vaches; dans l'air étincelant, des pigeons s'enlèvent par vols entiers; des vautours tournoient largement.

Tout ce spectacle est profondément attachant. Plusieurs fois notre barque a passé et repassé le long de cette rive. La foule des figurants se renouvelle sans cesse : le long des escaliers immenses, un courant monte et se perd par les ruelles rétrécies entre les palais, pendant qu'un autre toujours grossi descend vers les bains religieux.

***

La force mystérieuse qui règle cette mise en scène répétée depuis tant de siècles émane de l'hindouïsme. Cette sorte de néo-brahmanisme, issu de la religion védique, est un curieux amas de notions, d'opinions, de croyances assez imprécises. L'Hindou croit à Krishna, lit le Bhagavad Gita, respecte les animaux, surtout la vache, et conserve les castes dont la première est celle des brahmanes; mais tout cela est mal défini; le dogme est incertain; un grand mystère subsiste. Qu'est-ce que Krishna? Avant d'être un dieu, c'était un héros d'épopée, tiré de la littérature sanscrite. Il est de même origine que Siva, Rama ou Vishnou. Comme eux, il a sa spécialité. Ils ont droit peut-être à un certain rang dans une vague hiérarchie : par exemple, ils sont probablement supérieurs aux dieux-animaux, à Ganesh, à Hanuman; mais ce n'est pas bien sûr. Un Hindou hésitera à les classer; il hésitera à affirmer que la vache est moins sacrée, souvent il préférera la vache pour laquelle il garde un culte spécial; ceci est un vieux reste de la foi à la migration des âmes et cette piété s'étend à tout le règne animal.

Le dieu hindou (lequel?) est protéiforme : il habite aussi bien l'aspect d'un singe que d'un rat ou d'un scorpion. Certaines parties du corps, les doigts, le nez, l'oreille droite sont divines, comme certains arbres et quelques pierres. Le dieu est partout, multiple, indéfini.

Ce dogme hindou est à la fois monothéiste, panthéiste et polythéiste, suivant qu'il considère l'Être suprême dans son principe, dans toutes ses révélations ou dans quelques-unes. A vrai dire, il n'est pas une religion véritable : comme tel, il est tolérant; il admet avec simplicité les dieux étrangers, comme Jésus-Christ, qui lui apparaît une simple manifestation de plus de l'essence divine.

Telle est la logique de cette conception qui admet les spéculations philosophiques les plus hautes et les manifestations rituelles les plus minutieuses.

Ce concept religieux aboutit à un vague féti-chisme et, de fait, la pratique du culte a pris une importance dominante; le rite a une valeur en soi. Boire dans l'ordre voulu les cinq liquides qui sortent du corps de la vache est plus méritoire que de croire aux dieux. Accomplir chaque jour, aux mêmes heures, des gestes compliqués dans une suite déterminée est devenu la principale affaire.

Et la liturgie varie à l'infini ; les dieux, person-
sonnages peu commodes, ont leurs caprices et
tiennent à leurs privilèges.

Telle est, près d'un fleuve qui lui-même est
divin, cette expression déconcertante du génie
religieux d'un peuple ; elle se réalise en toute
liberté ; chacun, au milieu de tous, sacrifie à son
culte, célèbre son mystère. Et ces prières, ces
chants, ces hymnes éparpillés dans la lumière
exubérante, se fondent en réalité en un seul cri
de splendide adoration, de ferveur passionnée
que recueille dans ses formes multiples l'Être universel et suprême...

*
* *

A l'heure de midi, le soleil resplendit avec
furie, il faut regagner l'hôtel. La barque frôle la
pierre ; sur le quai où agonisent des fleurs, la
chaleur est flamboyante. Sous leurs abris de
paille, les brahmanes somnolent, abrutis de
prières.

Un soudra, qui s'éloigne, abrite son crâne rasé

avec un pan de son voile. Des mendiants, dégout-
tant de sueur, tendent les bras.

Le retour à la vie anglaise, dans les avenues
de verdure, amène un brusque contraste qu'aucune transition n'atténue.

Chez nous, dans nos villes coloniales, on a
presque toujours taillé à même l'agglomérat natif
quelque place du Gouvernement ou quelque avenue de la République. C'est un procédé chéri de
la politique d'assimilation; personne n'y trouve
son compte. Ici, Bénarès a été scrupuleusement
respectée; aucune bâtisse moderne près des constructions millénaires. C'est plus loin, près de la
voie ferrée, dans la jolie campagne verte que les
maisons anglaises se sont édifiées de toutes
pièces, modernes et confortables. Des écoles, des
hôpitaux ont surgi du sol, sur les derniers modèles d'Angleterre; aucun emprunt au goût local.
Les pierres ont été modelées d'après les traditions de la vieille patrie : le « Queen's College »
est du meilleur néo-gothique. Gothiques aussi,
le palais de Justice, la Monnaie, l'hôtel des
Postes. Tout cela est dispersé joliment parmi les
arbres et les jardins, le long de belles avenues.

Deux civilisations vivent côte à côte, qui se connaissent bien peu. Rarement un Anglais se promène à Bénarès-indigène; par politique d'abord : est-il prudent d'imposer souvent une présence irritante? Par goût aussi, l'Anglais goûte peu le charme de la vie locale; il ne le comprend pas; son pittoresque lui est indifférent, et surtout il méprise trop le natif pour s'intéresser long-temps à lui. Alors que l'administration montre une science et un tact sans égal, dans ses rapports avec les Indiens, les particuliers affectent de les ignorer. Seules quelques associations privées, entreprises charitables, les approchent et s'intéressent à eux.

A l'encontre du colon français qui veut se faire aimer (il se rend surtout ridicule : jamais le vaincu n'aime son vainqueur), le colon anglais tient à être craint. Et on le respecte. Ses villas, ses hôtels, dressés à l'écart, affirment son dédain.

*
* *

Dans le hall paisible du Clark's Hotel, où,

après le tiffin, je goûte un frais repos, je songe au prodigieux spectacle du matin. Un livre que j'ai sous la main me prouve qu'il est encore plus complexe, plus multiple que je ne l'imaginais.

Ce livre parle des castes, qui compliquent à l'infini les divisions déjà introduites chez le peuple hindou par la religion. Le *Statistical Abstract relation to British India* affirme qu'il en existe 84. Le census de 1901 en admet 2 378 réparties entre toutes les races et toutes les nationalités de la péninsule. A la vérité, il est pour ainsi dire impossible de s'accorder sur leur nombre. Il faudrait d'abord définir la caste : ce qui reste encore à faire. Un exemple : les brahmanes, au nombre de 14 893 258, forment une caste, qui est admise par tout le monde ; mais interrogez-les, vous découvrez qu'ils distinguent chez eux plus de 1 800 subdivisions ou sous-castes (1).

Qu'est-ce donc que la caste? On admet que c'est un groupe de familles, de même nom imposé par une profession fixe, issues d'un même ancêtre

____

(1) Sir Herbert Risley.

homme ou dieu, et formées en communauté homogène.

Ce groupement est moins simple que notre ancienne corporation, mais beaucoup plus compliqué que notre classe sociale, avec cependant quelques traits communs. D'abord politique et religieux, ce phénomène est devenu surtout social : il constitue l'armature de la société hindoue.

Tout Hindou se réclame d'une caste. Le malheureux que le hasard fait naître hors d'un de ces groupements est absolument méprisé ; c'est un paria. Pauvre serf voué par la destinée à une existence de honte et de souffrance. Les parias ne constituent pas une caste. Quelques-uns sont devenus riches et savants ; ils sont plus dédaignés que le plus pauvre soudra. Ils n'ont. pu vaincre le préjugé : leur naissance est une tare ineffaçable.

Autrefois, les castes correspondaient parfaitement à la définition admise. Il y en avait quatre, d'après Manou : les kchattryas ou nobles, les brahmanes ou prêtres, les vaisyas ou paysans, et les soudras ou artisans. C'était en somme l'ordre accoutumé à toute société naissante. Cela s'est vite compliqué. Quand les brahmanes furent devenus tout-puissants, des sortes de schismes les divisèrent; des sous-castes naquirent spontanément, elles-mêmes subdivisées. Les vaisyas et les soudras suivirent l'exemple donné par les prêtres.

Ce fractionnement eut plusieurs causes. Le census, qui a tenté au Bengale un classement approché, retient sept origines : un métier, une secte religieuse, un changement de coutumes, un croisement, une migration, un groupement national, un groupement après conquête. Il est certain qu'on pourrait en trouver d'autres.

Les coutumes sont curieuses. Une des principales est le privilège et l'obligation de se marier à l'intérieur du groupe. Une union inter-caste est chose presque impossible, même pour un rajah : s'il est de basse caste, il ne pourra que très exceptionnellement contracter mariage avec une fille de bonne maison. S'il le faut, on tourne la difficulté, mais c'est rare. C'est par la naissance qu'on entre dans la caste; ensuite on y reste jusqu'à la mort. Un chamar ne deviendra jamais radjpoote.

Et pourtant c'est le rêve secret de tout Hindou.

La difficulté séduit toujours. Parfois, l'un d'eux, riche, instruit, mû par une légitime ambition, tente audacieusement de franchir un de ces seuils interdits. Il s'est adressé à un brahmane : le bon prêtre, contre finances, l'a nanti d'une splendide généalogie : sans nul doute, il descend en droite ligne des premiers Aryens. Grâce à l'excellent pedigree, il a réussi et épousé la fille convoitée, généralement très loin de chez lui. Mais c'est alors que surgissent les vraies difficultés : dans sa nouvelle famille, il se heurte à tant de rites spéciaux, à tant de coutumes et d'usages particuliers, qu'il risque à chaque minute de se trahir. S'il est découvert, il sera chassé, sans pitié. S'il joue de bonheur, si le hasard le favorise, il aura toute sa vie à lutter, à déjouer les soupçons et l'absorption dans la caste ne sera sincère qu'après de longues années.

Ces usages, suivant les castes, varient à l'infini : formules de langage, gestes de reconnaissance, signes quasi maçonniques. Plus le cercle est fermé, plus ils se compliquent : l'un d'eux n'autorise le mariage qu'entre cousins au deuxième degré.

Mais c'est surtout dans les formes rituelles que l'imbroglio s'affirme : il n'y a que l'embarras du choix dans cette religion touffue et foisonnante qu'est l'hindouïsme. Ainsi s'expliquent ces attitudes disparates au bord du Gange, ces manifestations si diverses du culte. C'est la complexité poussée à l'extrême.

Dans la grande famille des brahmanes, certains clans sont dits impurs par les castes privilégiées. Ces mêmes clans n'admettent pas qu'un soudra les effleure.

D'ailleurs tous les brahmanes ne sont pas prêtres ; ils sont trop pour être tous nourris par la piété publique ; beaucoup doivent travailler pour vivre. Ainsi, le portier du Clark's Hotel est un brahmane. Il a gardé toutes ses prérogatives ; il est demeuré supérieur à tout. rajah de basse caste et l'ombre d'un paria riche lui est la pire souillure. Cela donne lieu journellement à mille incidents cocasses. Que de fois le pauvre homme a dû se purifier en Brahma après un contact impur ? C'est l'infinie variété des castes qui interdit toute tentative de classification. On n'a pu trouver d'explication raisonnable pour établir une hiérarchie. Les brahmanes occupent sans conteste le premier rang, mais parmi eux que de confusion! Et parmi les soudras, quel classement à faire entre le parfumeur, le marchand d'huile, le confiseur, le barbier, le marchand de sodas, le potier! Eux-mêmes s'égarent dans les préséances.

D'ailleurs un Hindou ne s'occupe guère des autres; il est avant tout de sa caste qu'il croit d'institution divine; il est persuadé qu'il ne peut en sortir; c'est sa patrie, son foyer; les hommes d'autres castes lui sont aussi étrangers, par éducation, que les Chinois ou les Anglais. Pas de lien commun; on se rend compte de l'impossibilité d'union qui existe entre ces mentalités si différentes; toute action d'ensemble, aujourd'hui du moins, leur est interdite. Ainsi s'explique la domination de cent mille Anglais sur trois cents millions d'individus, d'autant mieux que les Anglais, peuple aristocratique, comprennent mieux que nous par exemple la caste et savent admirablement s'en servir.

La caste est la cause la plus certaine qui empêche tout commerce entre Anglais et Indiens. Que faire avec des gens, qui, même entre eux, se refusent à toute intimité, qui cachent leurs pensées et leurs femmes, qui s'obligent à des rites multiples au moindre contact impur?

*
* *

Avec les chemins de fer, l'orgueil des hautes castes s'est trouvé soumis à une rude épreuve : c'était dans le coude à coude des wagons de troisième classe, les seules où l'indigène peut monter, une perpétuelle souillure. Le premier brahmane qui osa s'asseoir à côté d'un soudra montra un grand courage. Puis il apprit aux autres le charme des voyages rapides. Le goût s'en répandit et domina les scrupules. Le train devint une sorte de terrain neutre où, par grâce spéciale, les habituels phénomènes furent suspendus.

Comme partout, il est, dans l'Inde, des accommodements avec le ciel...

Faut-il voir dans le chemin de fer l'instrument inattendu qui rapprochera les castes? On peut l'admettre. Peut-être, un jour, les castes, dans ce voisinage imposé et subi, sentiront-elles, dans une

indulgence mutuelle, s'enfuir les préjugés ances-
traux? Les causes ont souvent les effets les moins
prévus. Lorsque ce jour sera venu, l'union des
Indiens sera proche et la domination anglaise
bien menacée.

Mais ce jour viendra-t-il?

II

Une flânerie à travers Bénarès, dans la ville de jolie couleur, le long des ruelles pleines d'ombre, est nécessaire après la promenade sur l'eau. On y voit en quelque sorte les coulisses de la scène surprenante du Gange : elles la complètent et l'expliquent. C'est là où se retirent les baigneurs dévots entre les prières fluviales ; les uns prolongent par de pieux exercices, à l'intérieur des sanctuaires, leurs rogations bi-quotidiennes : ce sont les plus nombreux ; les autres, dans les échoppes, auprès des chapelles, le long des arcades, exploitent la ferveur et la naïveté des pèlerins.

Bénarès est un peu interlope ; l'efficacité des dieux a pour complément l'ample exploitation des prêtres. Ceux-ci ont une expérience millénaire. Ils s'entendent à merveille pour conseiller le passant : les tables d'offrandes, les arrière-temples regorgent de dons. L'immense ferveur qui alimente la ville sainte est abondante et généreuse; les ex-voto, les statues en témoignent.

Les brahmanes vivent grassement au milieu de la foi environnante.

Ils ont su édifier une ville prodigieuse qui satisfait le vulgaire par des sanctuaires qui lui conviennent et cache des secrets pour l'élite. En cela, ils firent preuve d'un juste sentiment de l'inégalité et c'est surtout à la multitude qu'ils pensèrent.

Les édifices bâtis pour la prière sont innombrables. J'en ai visité quelques-uns, ceux que l'on entr'ouvre à l'étranger.

Le secret de chacun d'eux demeura entier; l'âme de chaque sanctuaire resta étrangère. J'ai pu être amusé, j'ai surtout été déçu. Il m'a été impossible de restaurer complètement l'idéologie de ce qu'on m'a montré. Ces gens de Bénarès ont des conceptions aux antipodes des nôtres.

Le premier temple où je pénètre, c'est celui d'Anapurna; il est affecté aux vaches. Le lieu est

une sorte d'étable, mal tenue, où sont rangées
une demi-douzaine de ces ruminants. Ces bêtes
sont sales, jamais étrillées. Incessamment des
fidèles arrivent, les embrassent sur tous les
points de leurs corps, se livrent sur elles à toutes
sortes de répugnantes et déconcertantes manifestations. L'un d'eux entre son bras jusqu'au coude
dans le fondement d'une vache; un autre imbibe
un linge de mucus vaginal qu'il emporte avec
une ferveur évidente; un autre recueille une
urine abondante et chaude. Tout ce qui sort de
la vache est éminemment sacré. Il semble impossible de reconstituer le système d'idées qui
aboutit à de telles pratiques. En tout cas l'expression rituelle en est laide et profondément dé-
goûtante.

Dans un deuxième temple, où l'on me permet
seulement d'accéder sur l'extrême seuil, j'aperçois une foule qui adore Siva : elle se prosterne
devant un grand lingam tout rouge, emblème
de l'éternelle fécondité. Cet emblème a véritablement beaucoup d'adorateurs; je vois nombre de
femmes et des enfants tout jeunes; des lumières,
des fleurs, de la fumée d'encens entourent le sym-

bole dont la rutilance s'anime, hypnotique, obsédante.

Évidemment ici la doctrine se concrétise brutalement : il est facile de s'assimiler la pensée secrète qu'on y exulte ; elle s'accorde assez bien avec nos manies rationalistes : on a seulement confondu ici l'instrument avec le créateur de l'instrument. Par contre, ce qui laisse rêveur et déconcerte notre sentiment religieux, c'est qu'à une certaine heure on ferme les portes du sanctuaire, et les prières font place à l'orgie.

Vu du dehors, ce temple apparaît les murs peints de rouge vif ; il est surmonté de coupoles dorées pieuses offrandes d'un roi de Lahore.

Un troisième endroit passe pour éminemment sacré : c'est le Puits de la Science. C'est un simple trou avec un peu d'eau au fond, de l'eau croupie et pestilentielle. De nombreux Hindous en puisent au creux de la main pour la boire, indifférents à l'atroce odeur de pourriture qu'elle dégage. Tout auprès, un fakir, assis les jambes croisées selon l'attitude classique montre une pauvre anatomie poudrée de cendres grises.

Plus loin, la même scène autour d'un autre

puits. Chemin faisant, on dépasse des ascètes, très salués par les gens de la foule; des figurines de dieux accolées aux murs : Ganesh, le dieu sage dont le visage gras s'amincit en trompe d'éléphant; des idoles grotesques peintes de vermillon; des bœufs enguirlandés de papier doré; des symboles de sexe couverts de fleurs fraîches.

Dans l'étroite rue dallée, des balcons surplombent; les façades, illustrées de fresques, ont des portes de bronze.

Souvent la ruelle se resserre en couloir, passe sous des voûtes étroites où l'on se heurte dans l'ombre.

On croise des femmes délicates; elles détournent la tête en passant ou bien se protègent d'un pan du voile à hauteur du visage d'une jolie mine indifférente et peu sincère. Des grappes d'enfants dans les coins sombres. Des marchands dans les boutiques : ils racolent avec des sourires câlins.

Après les hautes murailles du palais de Vizianagram, c'est le Monkey Temple, le temple habité par des singes. Les « Bandar-log » sont là chez eux, chimpanzés vigoureux, importants et capricieux. Sous le joli cloître qui borde le sanctuaire,

ils tiennent des conciliabules, très graves, en
rond. Puis la bande se disloque ; les dents claquent, les paupières battent, et au galop sur trois
pattes, c'est une course éperdue des dieux fauves,
sous les arcades. On leur jette des graines, des
fleurs.

** **

En haut du minaret de la mosquée d'Aurang-
zeb le regard embrasse la ville entière. Quelle
vue admirable et qui s'étend si loin jusqu'au
cercle brumeux de l'horizon !

Le Gange déroule ses replis d'argent brillant et
l'on découvre des paysages imprévus, des îlots de
verdure fraîche. Autour de la mosquée, la ville se
presse, découpée en quartiers inégaux, sillonnée de
coupures noires, hérissée de pointes, de clochers,
de dômes. Dans l'intervalle, l'on ne voit plus que
les toits plats agglomérés et la cime des arbres.

La lumière est admirable ; il y a trop de soleil.
La clarté excessive aplatit tout ; le relief, faute
d'ombre, s'évanouit. Les couleurs même perdent
leurs valeurs et s'unifient en un blanc aveuglant.

Il semble que les rayons de feu s'éclaboussent aux cubes des temples, des chapelles, des palais pour rejaillir multipliés, éparpillés avec une folle prodigalité.

En bas, la ville, sous cette vibration, semble repliée sur elle-même, comme tassée sous la frénésie de l'air.

Elle est immobile et on la sent nombreuse; dans les minces fissures, sous les voûtes étroites, s'agite une foule abondante et vive. Sa pensée, repliée sous les coupoles en de multiples combinaisons, circule dans ces milliers de lobes qu'elle relie entre eux. Il semble qu'elle se dégage et palpite dans la lumière chaude.

*
* *

Sur la rive droite du Gange, dans la plaine désertique, se dresse le palais du Maharajah. Ce prince est un fidèle sujet de l'Angleterre, un des promoteurs du mouvement « Young India ». Il a entassé chez lui des meubles anglais, des gravures anglaises, de l'argenterie anglaise. Tout

cela s'allie mal avec le luxe hindou de sa demeure. Dans une longue salle fraîche, de grandes
peintures représentent les ancêtres du prince,
tous portraits de kchattryas, superbes et élégants
dans leurs robes blanches. Il y a là les premiers
conquérants aryens de l'Inde; et l'on ne peut
s'empêcher de regarder avec curiosité ces physionomies purement indiennes, pleines de bravoure
et de fierté suprême...

En face, le portrait en pied du prince de Galles
en redingote; sur de petites tables anglaises, des
photographies du rajah en grande tenue.

Du palais, la vue est saisissante sur les trois
larges cours de marbre qui le précèdent; l'ordon-
nance en est majestueuse et au loin on aperçoit la
rive sacrée du Gange, hérissée et scintillante
sous la confusion des édifices et des feuillages...

*
* *

Je suis retourné sur le Gange, attiré par l'incomparable spectacle; c'est là où vit l'Inde brahmanique, c'est là où on la comprend mieux. Là

se succèdent les principales actions de l'existence
hindoue; on prie, on dort, on mange, on rêve,
et aussi on meurt.

C'est le rêve de tous les Hindous que de mourir
au bord du Gange; ils viennent de très loin pour
agoniser ici.

Et dès qu'ils sont morts, on les brûle au bord
même du fleuve où seront jetées leurs cendres.

Cela se passe sur l'un de ces ghâts, au milieu
des autres tout proches où les fidèles indifférents
puisent de l'eau, se baignent et prient. A quelques
pas du lieu d'effroi, des femmes étendent leurs
voiles qu'elles sèchent au soleil, des enfants
s'amusent à plonger et à barboter dans l'eau.
Cette crémation des êtres, en pleine vie publique,
est ici un acte qui semble familier, naturel. L'horreur de la mort n'existe pas.

Et cependant l'opération est sinistre. Des piles
de bois sont préparées et attendent leurs morts;
il y en a de copieuses, formées d'essences rares
pour les riches et de toutes humbles à peine suffi-
santes pour les pauvres. Les corps sont sanglés
sur une civière faite de quatre bambous; les femmes

sont enlinceulées de rouge, les hommes de blanc.

Et chacun d'eux est trempé dans le Gange : suprême ablution plus efficace que toutes les autres.

Deux bûchers brûlent avec une lourde fumée; la flamme, dans l'air éblouissant, est à peine visible. Un brahmane, impassible, préside à la cérémonie. L'un des cadavres commence à flamber : un genou troue les fagots, tout calciné; c'est horrible à voir. L'autre est presque consumé; le bûcher n'est plus qu'un tas de cendres qu'un Hindou maigre remue du bout d'un bâton. Quand tout est fini, le tas lugubre est jeté dans le Gange..., des cendres surnagent quelques instants, puis tout disparaît dans le flot paisible.

Et tout le jour, des corps brûlent.

Tout autour la vie bruissante, splendide s'épanouit dans la lumière radieuse.

*\
* *

Le dernier soir à Bénarès.

Demain il faudra quitter l'immense ville où palpite cette antique humanité. Au bord du fleuve, les prières sont finies, les grands escaliers sont déserts, vides de la foule des dévots. Le lieu prend une ampleur infinie. Sous la clarté morne du soir, les choses ont une allure désolée que cachait l'irradiation du matin; les hauts palais semblent tout à coup infiniment las et vieux. Le Gange traîne son eau le long de sa courbe molle. Il y a dans l'air une moiteur fade.

Puis, dans la morne plaine, les herbes noircissent, les architectures bleuissent. Sur le ciel parfaitement pur, les silhouettes des palais se découpent avec une netteté sèche.

Les dernières femmes attardées passent lentes et graves, avec l'amphore sur l'épaule. Des chiens dorment, le museau allongé. Quelques brahmanes s'obstinent dans leurs prières, contemplant l'eau qui luit sous les premières étoiles. Un reste de bûcher achève de brûler; la petite flamme finit par diminuer brusquement et disparaître.

La paix est infinie dans la douceur de la nuit. L'âme compliquée de Bénarès a cessé de palpiter pour quelques heures. Une fois de plus, elle s'est endormie pleine de rêves, inexplicable et mystérieuse.

CALCUTTA

I

Tout le long de l'Hoogly, une avenue large et plate, longue d'environ deux kilomètres, s'étend depuis la pagode birmane du jardin Eden jusqu'au parc du palais de l'ex-roi d'Aoudh.

C'est le « Hyde Park » de la contrée, mais sans un arbre où, le soir, sous le soleil adouci, le « Tout-Calcutta » vient respirer un air qui semble frais.

A côté de cette chaussée bordée de trottoirs bas, s'étale l'énorme fleuve, large d'une demi-lieue, hérissé de mâts, chargé de navires de tous tonnages, de steamers gros et forts, de basses péniches pansues, de paquebots de haut bord, de bricks à voiles, de pesants cargos, par milliers. Il coule lourdement, sans ride, d'un seul mouvement, comme emporté tout d'une pièce entre ses murs de pierre, tirant sur les jetées innombrables, caressant les bureaux du port, ceux de l'embarquement, frôlant les hangars des docks, huileux et luisant sur son fond de vase, exhalant lentement toute une variété d'odeurs fortes, à travers l'inextricable lacis des chaînes d'amarrage, des cordes des bouées, des câbles de halage. Des canots à vapeur, des « pétrolettes » de la police du fleuve circulent, rapides, dans les rues de cette ville flottante.

Là-bas, très loin, sur la rive de boue molle d'Howrah des cheminées d'usines, noires et longues, salissent le ciel de fumée grise.

Tout cela, sur la lumière de l'eau jaune, gronde d'une puissante rumeur de vie hâtive.

En face et de l'autre côté de la promenade un désert de gazon mou, d'un vert cru, s'aplatit jusqu'au Maidân.

Sur la route, des véhicules se croisent, il y en a de toutes sortes : des broughams au balancement bizarre, des bogheys, des victorias appor-

s de Londres, des gigs arachnéens, des brown-
rries, quelques handsom-cabs, des autos, et
s tikkas-garris, poussiéreux, minables.

Et tous font figure assez piteuse... Vraiment
 panneaux, malgré leurs prétentions, sont
suffisamment vernis, les harnais bien peu bril-
its, les livrées trop sales. Et ces cochers, ces
lets de pied!...

Des grappes de ces « saïs » pendent à chaque
iture; les uns s'accrochent comme ils peuvent,
 jambes ballantes, aux marchepieds, aux res-
rts de derrière et leur position est périlleuse;
 autres courent, tout suants, à côté de l'équi-
ge; et sur le siège, il y a toujours au moins
ux de ces « péons » au costume exotique et
queteux. Souvent, derrière, tout comme dans
s anciens carrosses, des hommes se tiennent
bout, avec la longue canne d'argent.

Que dire de la société complexe qu'on trouve
ns les voitures, fonctionnaires, riches négo-
ints, militaires, natifs? Je croise des babous
dus enveloppés de mousseline blanche au fond
 leur calèche... je croise des fonctionnaires
vils du Bengale, corrects, à l'air de grands per-

sonnages dans leur landau à huit ressorts… je croise des Anglaises dignes et indifférentes… beaucoup de jeunes gens, presque tous pareils, en élégantes jaquettes. Une « demoiselle » d'un monde douteux, violemment empanachée, lance des œillades en conduisant un léger tonneau dont le joli petit cheval piaffe… plus loin six ou sept hommes de bronze s'entassent dans un corbillard de bois noir et les bras, les jambes sortant de leurs toges blanches se détachent en silhouette sur les ouvertures. Puis un « zenana » qui passe au pas, et à travers les volets sombres fusent les rires un peu nerveux des femmes et des petites filles; une auto qui trépide montre un étonnant chargement d'hommes d'ébène, bras, jambes et têtes nus.

Sur les trottoirs une autre foule s'agite : Bengalis délicats, rudes matelots anglais coiffés du chapeau de paille, musulmans du Nord, Birmans, d'Akyab et de Ramri, Thibétains, juifs, Orissiens de Kobak, Népalais robustes, natifs d'Aoudh et de Bérar, indigènes de toutes contrées…

La promenade le long de l'Hoogly!… Kaléidoscope inénarrable! Mascarade effarante où tous se

encontrent et s'observent, toute la comédie humaine diversifiée encore par le mélange des races,
ragédie humaine aussi, car il y a là des vainqueurs
t des vaincus, des maîtres à la poigne dure et
es esclaves toujours révoltés dont les regards
ont de haine !

Cependant l'heure est douce; il fait délicieux
uprès du large fleuve.

*
* *

Tout à coup, presque sans transition, le ciel
u-dessus de l'Hoogly s'obscurcit; un énorme
uage, d'un noir opaque frangé de clair, monte
pide et menaçant : un vent d'orage s'élève bru-
l, soulevant d'un souffle irrésistible poussière,
ravier, piétons; les chevaux s'ébrouent. En un
in d'œil l'Hoogly devient houleux et les bateaux
ut sombres maintenant grincent sur leurs
marres; des éclairs strient furieusement la nuit
ui tombe et c'est, dans un effroi involontaire, une
ite éperdue vers Calcutta des landaus, des
rris, des bogheys, des véhicules de toute espèce

sous les cris de tous ces Hindous juchés sur les voitures au milieu de la poussière folle, du vent terrible, de la pluie qui commence.

C'est l'orage violent, irrésistible des régions tropicales.

II

Le lendemain, plus trace de l'ouragan ; Calcutta a repris sa vie normale et malgré la chaleur
les longues avenues trop larges, Chowinghee
Road, Strand Road vivent d'une animation de
petite capitale. Calcutta est la cité des grandes
affaires, la résidence du vice-roi (1) ; c'est aussi la
plus ancienne ville anglaise de l'Inde, née du
glorieux Fort-William ; elle en est très fière. Aussi
que d'orgueilleux édifices ! Les places sont vastes,
trop vastes ; son « Maidân » est une steppe :
Dalhousie Square est immense, il y a des arbres
phénomènes comme le banian du zoological garden ; l'Hoogly lui-même est un bras de mer,
interminable à traverser sur son pont de bateaux.

(1) Lors du dernier « durbar » tenu par Georges V, le
siège de la résidence a été transféré à Delhi.

Et cependant l'impression qui règne n'est pas celle de la grandeur; le manque de proportions est évident; les bâtisses démesurées paraissent insuffisantes au milieu de ces espaces qui leur donnent trop de recul. Et puis tout cela est encore trop neuf, trop hâtif. On voit des bicoques à côté de palais; la voirie n'est pas terminée partout. Malgré son âge, on voit que cette civilisation n'a pas mûri là, qu'elle est toute d'importation, que c'est du « placage ».

La sensation dominante est celle de la chaleur lourde, moite, énervante; l'atmosphère semble dans un constant état de tension électrique; des nuages lourds et bas couvrent le ciel et la réverbération est encore plus dangereuse que le soleil. Le matin, la ville s'éveille à peine avant 9 heures, les Anglais travaillent de 10 heures à 5 heures; les jours de chaleur exceptionnelle, la cité semble morte, comme terrassée par le soleil.

Dans la rue, sur le trottoir, sur la chaussée les policemen étouffent sous l'enfer d'une ombrelle fixée au ceinturon; pauvres policemen de Calcutta! Ceux de la police montée plus favorisés sont autorisés à se placer à l'ombre pour ména-

r les chevaux. Ils sont impitoyables pour leur
nsigne et leur morgue est incommensurable.

La morgue anglaise! Mais si elle existe quelque
rt c'est à Calcutta! Rien de plus hautain, de
us dédaigneux qu'un « cokney » de Strand
ad. Tout Anglais est roi... et chaque roi a
ussé l'autocratisme à la limite de l'exagération.
 vie européenne de la ville s'en ressent. L'An-
ais a triplé l'enceinte de la tour d'ivoire où il
nferme : les clubs sont plus fermés qu'à Lon-
es, les classes de la société plus tranchées que
ns n'importe quelle contrée de la Grande-Bre-
gne. Aussi la vie sociale est-elle restreinte; les
unions sont rares, les réceptions exceptionnelles
 surtout officielles. Tout Anglais croit devoir
ficher le plus grand luxe possible; il dépense
us qu'il ne peut; il a des dettes; il doit à son
iturier, à son tailleur, à son bottier; le passif
ale le plus souvent deux ou trois années de
venus... Il faut tout payer en conséquence et
 vie est chère. Beaucoup de juifs y ont trouvé
ur compte : l'un d'eux par d'adroits et patients
iotages a spéculé avec tant de bonheur sur
s terrains qu'il est aujourd'hui richissime et

feu. Il faut ajouter aussi 3 compagnies du génie,
compagnie de téléphonistes, 3 d'ambulanciers,
colonnes de munitions.

On le voit, il y a beaucoup d'artillerie et de gé-
ie. Les Anglais, avertis par leurs expériences du
ransvaal et de Mandchourie, soutiennent largc-
ent leur infanterie par du canon et usent le plus
ossible de la fortification du champ de bataille.

En plus des divisions, la force expéditionnaire
omprend encore deux brigades mixtes, désignées
ous le nom de brigades d'infanterie montée,
inq compagnies de télégraphistes, trois d'aéros-
ers, deux équipes de ponts, un bataillon d'infan-
rie, une ambulance, un convoi.

Cette force expéditionnaire qui, en un mois,
ourrait être concentrée dans la province de Bom-
ay représente donc au moins trois corps d'armée
nmédiatement utilisables, excellents par la qua-
té des officiers et des soldats. D'ailleurs voici les
hiffres donnés par le War-Office dans le mémo-
andum du 24 mai 1909 : 158 577 hommes
e troupe plus 41 427 pour les remplacements
endant une campagne de six mois, soit
00 004 hommes.

Après leur départ, il resterait encore en Angleterre 10 bataillons, 35 batteries de campagne, 26 escadrons de l'armée régulière, soit 65 000 hommes de l'armée régulière que la réserve régulière et la réserve spéciale porteraient à 150 000 environ.

Les Anglais sont très fiers de ce résultat et ils ont raison.

J'ajouterai que pour l'infanterie, les Anglais ont conservé la compagnie à l'effectif de guerre de 130 hommes, les bataillons mobilisés ayant 8 compagnies; par suite, la proportion des officiers est double de ce qu'elle est partout ailleurs en Europe. La conséquence est que le corps expéditionnaire nécessite 5 702 officiers plus 1 619 pour remplacer les pertes des six premiers mois de campagne, au total 7 521 (1).

*
* *

Les troupes anglaises sont excellentes. Vêtues entièrement d'une tenue « kaki » parfaitement

(1) États dressés à Londres au War-Office.

pratique (la tunique rouge a été supprimée), bien
équipées, entraînées au soleil terrible du pays,
rafraîchies chaque année par des séjours de plusieurs mois dans des régions montagneuses et sa-
lubres, elles constituent la membrure solide sur
laquelle repose l'autorité britannique. Le soldat,
calme, endurant, discipliné, est aujourd'hui bien
dressé; sa qualité première est un orgueil excessif servi par une froide ténacité, orgueil qui le
rend redoutable dans la défaite. « A un régiment
anglais qui vient d'être mis en échec, rien ne ré-
siste, comme à un régiment français qui n'a jamais été battu ! » dit quelque part Rudyard Kipling.
Les Indiens le savent bien, eux qui ont presque
réussi en 1857 !...

Ce soldat anglais est d'ailleurs un grand seigneur lui aussi, il touche chaque semaine un prêt
qui varie de 6 fr. 15 à 13 fr. 85 ! Nous voici loin
des sept sous de poche de nos soldats.

Est-il besoin de faire l'éloge des chefs? L'énor-
mité des pertes en officiers pendant les campa-
gnes récentes prouve assez leur courage. Quant à
leur valeur professionnelle, elle est aujourd'hui
digne des plus réputées.

Les régiments indigènes étaient autrefois composés d'hommes venant d'une même région : cela semblait plus simple, la langue était la même, le dressage semblable, les coutumes religieuses à respecter communes à tous... mais après le soulèvement de 1857 où des corps entiers se sont révoltés, on a rompu ces blocs et chaque régiment fut fait de représentants de diverses races de l'Inde. Cela donne toute satisfaction. Chaque régiment a un nom, une tenue particulière; les « Vice-roi Body Guards », lanciers bottés haut et coiffés du petit turban à aigrette; les « Bengal Infantry », d'aspect vaguement turc sous leur chéchia plate et leur veste courte; les « Madras Infantry », qui portent la baïonnette sans poignée; les « Bombay Infantry »; les «Punjab Cavalery», dont les officiers anglais portent le turban; les « Duke of Connaught », etc., etc.

Ils sont en général fort bien tenus et les officiers anglais affirment qu'on peut leur accorder une valeur égale à celle des troupes européennes.

En dehors des troupes anglo-indiennes, il y a les troupes des états indigènes; là les renseignements sont plus vagues. A en croire certains offi ciers de l'Inde, les états-majors eux-mêmes ne sauraient dresser l'état exact de leurs effectifs. On table sur 350 000 hommes environ répartis très inégalement dans certains États plus ou moins indépendants; 350 000 hommes dont 50 000 cavaliers et 15 000 artilleurs avec 2 à 3 000 bouches à feu utilisables. A dire vrai, ces effectifs de parade ne sont complets que sur le papier. Les meilleurs soldats sont les Sikhs, les troupes les mieux organisées sont celles du Radjpoutana (80 000 hommes), d'Haiderabad (30 000 hommes) et de Gwalior (10 000 hommes).

Les Anglais s'efforcent d'organiser à leur profit les parties vivantes de ces organismes : dans le sud, par exemple, où le natif n'est rien moins que militaire, certains États auraient à fournir des corps auxiliaires de transport.

A l'heure actuelle, il est difficile de connaître la valeur de tous ces contingents, puisque la guerre, le seul critérium, a manqué jusqu'à présent.

V

« ... Il trouva le jardin, ainsi que la cabane, entouré des arcades du figuier d'Inde, si entrelacées,
qu'elles formaient une haie impénétrable même à
la vue. Il apercevait seulement au-dessus de leur
feuillage les flancs rouges du rocher qui flanquait
le vallon tout autour de lui ; il en sortait une petite
source, qui arrosait ce jardin planté sans ordre.
On y voyait pêle-mêle des mangoustans, des oran-
gers, des cocotiers, des litchis, des durions, des
manguiers, des jacquiers, des bananiers et d'autres
végétaux tous chargés de fleurs et de fruits.
Leurs troncs mêmes en étaient couverts, le bétel
serpentait autour du palmier arec et le poivrier
le long de la canne à sucre. L'air était embaumé
de leurs parfums. Quoique la plupart des arbres
fussent encore dans l'ombre, les premiers rayons
de l'aurore éclairaient déjà leurs sommets ; on y

voyait voltiger des colibris étincelants comme des rubis et des topazes, tandis que des bengalis et des sensa-soulés, ou cinq cents voix, cachés sous l'humide feuillée, faisaient entendre sur leurs nids leurs doux concerts... »

C'est le « docteur anglais » de la *Chaumière indienne* qui décrit le jardin du paria; il dit la campagne du Bengale, l'adorable nature toute secouée de vie exubérante et belle, la flore fougueuse et grasse qui jaillit du sol imprégné d'eau et qui fait de la banlieue de Calcutta un jardin digne des plus beaux rêves de l'Inde.

Rien n'a changé depuis Bernardin de Saint-Pierre.

De-ci, de-là, des maisonnettes basses aperçues dans la verdure, ensevelies sous les palmes sombres évoquent pour l'esprit la pensée du bonheur qu'on cache : elles se tassent, humbles et douillettes, sous un duvet de plantes grimpantes, au milieu de l'enclos que limite une barrière claire. Et malgré la pauvreté des murs de terre glaise, malgré la misère des toits encapuchonnés de chaume, l'ensemble est joli sur le rouge de la terre humide, avec la hardiesse si variée des troncs et des lianes.

PONDICHÉRY

I

J'arrive à Pondichéry à deux heures du matin
après un trajet mouvementé : dans le compartiment des « servants », mon boy s'est disputé avec
trois brahmanes que sa présence souillait.

Énervé par leurs reproches, irrité par leurs dé-
dains, il est tombé sur eux à coups de poing,
criant qu'il était chrétien…, qu'il n'avait pas
peur…, qu'il savait très bien qu'ils mangeaient du
bœuf en se cachant… (sacrilège suprême!)

Devant les coups et le tamoul volubile, les
saints hommes ont cédé la place et François a été
vainqueur! De quel « toddy » ou autre décoction
a-t-il donc trop bu?

Pondichéry! Ce cri de l'employé déchire seul le silence de la gare minuscule. Quelle paix! Tout est désert et sombre. Ah çà! où suis-je? dans quel coin de province perdue? Où est la foule habituelle, bigarrée et remuante? Au guichet, c'est un employé anglais qui reçoit mes tickets.

Dehors, sur la petite place noire, paisible et muette, une demi-douzaine de diables noirs m'entourent de leurs gestes désordonnés : ils sont tout nus et leur tête est coiffée d'un gros turban : ce sont des « sujets français », des « électeurs », qui revendiquent l'honneur de me transporter dans leur garri.

Après quelques coups de canne pour calmer les plus hardis, qui, chose inouïe aux Indes, veulent me toucher pour forcer mon attention, je monte dans un des véhicules, qui démarre tout grinçant et s'enfonce dans la nuit épaisse. Quel équipage! C'est un inimaginable pousse-pousse à quatre roues, branlante victoria pour nain ou pour enfant, dont un timon unique a remplacé les brancards : un des sauvages s'y est attelé et trotte en geignant; par derrière un autre pousse par saccades et de travers toujours; le tout s'éclaire falotement d'une fumeuse lanterne à pétrole que chaque cahot menace d'éteindre. Où sont les élégants, les moelleux « jinrikischa » à deux roues caoutchoutées de Calcutta!...

Le trajet jusqu'à l'hôtel dans le vague des longues avenues désertes dure une dizaine de minutes; personne nulle part; aucun dormeur sur les routes de ce coin de l'Inde d'où la vie semble absente; partout ailleurs, dès la tombée du jour, chaque arbre, chaque buisson abrite le repos de pauvres êtres avides de respirer l'air doux et aromatisé des nuits indiennes.

Ici, on s'enferme; on se barricade chez soi; je saurai bientôt que c'est pour se défendre de certaines bandes d'électeurs qui, sous couleur de manifestations politiques, pillent et dévalisent presque impunément.

A la porte de l'hôtel, il faut heurter longtemps; les coups s'amplifient dans le silence de la petite ville; un roquet aboie... le premier que j'entends dans ce pays où les animaux ne crient pas. Enfin on entre-bâille la porte : c'est le « patron » lui-même, de méchante mine et sale dans sa chemise lâche et ses savates : il tient une chandelle à la main.

Est-ce un coupe-gorge? C'est pourtant le meilleur hôtel de la ville : l'intérieur va de pair avec l'aspect du tenancier : coins sombres, odeurs suspectes, chambre d'hôtel borgne ; pour la première fois je songe que j'ai un revolver dans mes bagages...

II

La nuit cependant a été sans alerte, mais il a
fallu subir jusqu'au jour l'énervant assaut des
moustiques.

Au matin, à sept heures, il fait déjà très chaud.
C'est la température du sud de l'Inde, excessive
en cette saison (1) ; et le pousse-pousse vert joliment décoré, voiture de luxe après l'infâme guim-
barde de la nuit, est une cage étouffante.

Pondichéry et son territoire morcelé, Karikal,
Yanaon avec les quelques villages qui l'entourent,
Mahé, la loge de Calicut, la factorerie de Surate,
Chandernagor, les loges de Dacca et de Balassora,
ont bien peu de chose quand on vient de parcou-
rir l'immense pays anglais qui les englobe : ces

(1) Juin

terrains représentent environ 50 000 hectares (à peu près la superficie du dixième d'un département français) et 300 000 habitants dont un millier d'Européens.

C'est tout ce qui nous reste du vaste empire rêvé par Dupleix ! Et dans quel état ! Chaque territoire est déchiqueté à l'infini et parsemé d'enclaves britanniques ; il est impossible par exemple de parcourir en ligne droite, suivant son plus grand axe, l'une quelconque de ces possessions françaises sans traverser dix fois des terrains anglais. Cette situation est déplorable et un peu ridicule et les Anglais, qui sont obligés d'entretenir des douaniers un peu partout et qui payent nos fonctionnaires français (1), admettraient à merveille un abandon pur et simple de ces quelques kilomètres carrés. Bien entendu il n'en est pas question.

Le territoire de Pondichéry est un des plus grands avec ses 29 000 hectares, abstraction faite des enclaves anglaises : hors la ville on cultive du

____

(1) La redevance que nous verse chaque année l'Angleterre depuis le traité de 1814 sert en effet à rétribuer nos fonctionnaires.

riz, des grains (la fameuse maison Ralli y possède une succursale), l'indigo, le manioc, le bétel, le pavot, le palma-christi; dans les faubourgs, on fabrique de la toile de coton.

Un premier tour pour m'orienter : c'est vite fait; deux villes, la française et l'indigène, la blanche et la noire, séparées par le canal... sans eau. Dans la ville blanche, je parcours des rues pavées entre des maisons proprettes et tranquilles; chacune a un jardin fermé d'une grille : elles font penser à une petite ville de province, à une sous-préfecture vieillotte et arriérée; on me montre l'hôtel de ville, le palais du gouverneur, l'église Sainte-Marie des Anges et la place au bord de la mer où huit colonnes de pierre entourent la statue de Dupleix. De l'autre côté du canal, de beaux palmiers bordent les rues larges tracées à angle droit de la ville noire : l'air embaume, mais les masures sont lamentables...

Pondichéry, ville qui meurt, qui subsiste seulement par son passé, n'est desservie que par les Messageries maritimes, la British India Company et le chemin de fer anglais. La poste est anglo-française; l'Angleterre y entretient un consul; un

certain nombre de « Civilian functionaries » en
retraite sont venus chercher là une vie moins coûteuse. On y compte à peine 50 000 habitants en
tout : nous voici loin des gros villages du Nord
de 200 ou 300 000 habitants.

Et toujours les rues désertes, monotones; parfois une ombre, que l'éblouissante lumière rend
indécise, semble frôler les murs; c'est un passant
qui se hâte d'un seuil à l'autre : les demeures
sont muettes, portes fermées, persiennes closes;
tout somnole, tout dort depuis des années. Le
dimanche et le jeudi la musique de la milice indigène joue sur la place; pauvres miliciens en kaki
et chéchia rouge, si falots, si vagues, et d'allure si
peu martiale ! La garnison entière en compte trois
cents : c'est tout ce que tolère l'Angleterre !

Au bout de la ville, un fonctionnaire hindou
me fait les honneurs du jardin botanique. Hélas !
cela ressemble peu aux vastes pelouses luisantes,
aux claires corbeilles de fleurs, aux plantes puissantes et grasses des jardins de nos voisins. Ici les
allées sont à peine tracées au milieu d'une végétation rachitique; pas une fleur; tout semble gris,
las, maladif; et gravement le fonctionnaire me

montre, piquées au bout de petits bâtons, les éti-
quettes en latin toutes préparées...

En revenant j'essaye de pénétrer dans une des
nombreuses pagodes aux toits sculptés, mais il
paraît que c'est interdit « surtout à un Français ».

Comme compensation, on me montre la maison d'une bayadère : c'est une des plus belles.
Cette femme, fort appréciée, gagne, paraît-il,
1 500 roupies par séance; sa spécialité est d'assister aux mariages dont les fêtes durent près de
trois semaines.

*
* *

Avant de rentrer à l'hôtel, visite au gouverneur.
La résidence a grand air avec ses larges arcades,
sa cour centrale dallée et ses hautes fenêtres; la
façade borde la place; à l'intérieur, de grandes
pièces dallées se succèdent, toutes fraîches, et il
y règne un demi-jour reposant. Des huissiers à
chaînes somnolent dans les coins...

Je note pêle-mêle, au hasard des souvenirs,
ma conversation avec le très aimable et très dis-
tingué gouverneur M. L... Il est grand admi-

rateur des procédés administratifs britanniques et des Anglais eux-mêmes avec lesquels il eut toujours les relations les plus courtoises ; il préfère l'Inde bouddhique du Sud à l'Inde mahométane du Nord, et Bénarès qu'il a vu parfaitement comme hôte du rajah lui semble le plus prestigieux résumé de l'Inde hindoue.

Chandernagor, appréciée chaque fois particulièrement dans ses tournées gouvernementales, est restée très française malgré l'absorbant voisinage de l'énorme Calcutta.

Il ne croit guère à l'avenir de Pondichéry et de nos possessions aux Indes, que l'on pourrait abandonner à l'Angleterre, moyennant quelques compensations ailleurs (1). Il a fait tous ses efforts pour diminuer les affreuses et absurdes luttes politiques qui déshonorent et gangrènent ce petit territoire et déplore l'insuffisance de la police à mettre à la raison les bandes de maraudeurs, de voleurs qui inquiètent sans cesse la population blanche.

---

(1). En 1892, les exportations de Pondichéry s'élevaient à 18 500 000 francs, dont 4 500 000 en France ; les importations s'élevaient à 3 500 000 francs, dont 500 000 de France.

III

Le gouverneur m'a engagé à aller visiter Villenoor, à cinq kilomètres de la ville.

Cinq kilomètres sont peu de chose en voiture, mais dans les absurdes pousse-pousse que je n'ai vus qu'ici, il faut une grande heure pour les couvrir. Encore a-t-il fallu doubler l'équipe et chaque véhicule, le mien et celui de mon boy qui suit, est « attelé à quatre ». Pour le coup, je suis complètement ridicule dans cet attirail; mais il n'y a pas le choix, la seule voiture à chevaux est celle du gouverneur; quant aux automobiles, inutile d'y songer : il y en a tout juste deux ici, appartenant à des Hindous.

La route « nationale », bordée çà et là de maisons tristes, de baraques lépreuses sous les cocotiers, est très bonne : on sait que les Français excellent à construire les routes : celle-ci, malgré un charroi nombreux de charrettes à bœufs, est en parfait état. Néanmoins, j'arrive moulu, les reins brisés, au bout de l'heure ; ce mode de transport est un vrai supplice.

Villenoor, proche de la gare anglaise, est un village misérable : huttes de boue sèche, cabanes de torchis ; sur la place, devant la pagode, où s'arrête mon « four in hand », je m'aperçois que je suis seul ; mon boy, malade (est-ce encore le toddy?) a dû rentrer à l'hôtel. Seul au milieu d'un peuple à peau noire, qui me bouscule avec des cris, qui me harcèle de ses mains tendues... François me manque vraiment... il faut jouer de la canne pour avoir un peu d'air...

Devant la pagode, deux pesants chars sacrés semblent attendre leurs attelages ; ils sont hauts de vingt mètres sur des roues de bois massif et leurs sculptures folles, désordonnées, s'abritent sous des toits de chaume. C'est vieux, délabré et grossièrement bâti, mais c'est inattendu dans ce village de quelques vingtaines d'habitants et hors de proportion. Ces chars servent les jours de fête, quand un peuple ivre d'alcool et de folie religieuse parvient à les mouvoir : masses énormes et oscillantes qui roulent une fois l'an autour de la pagode, défonçant les chemins, éraflant les murs, écrasant les corps...

Derrière l'entrée du temple, sorte de porche où flânent des brahmanes, on aperçoit de hautes gopurams. L'aspect de ces masses pyramidales de pierre sculptée et de porcelaine est déconcertant. Une imagination déformée, maladive y a superposé en figures grimaçantes, naïves ou difformes les contorsions de mille divinités : tout cela se mêle, s'enchevêtre en un chaos indescriptible ; c'est incompréhensible et fou ; et le temps, qui a rongé les formes, dégradé les contours, a empreint ces pierres de l'infinie détresse des ruines. De loin, c'est imposant ; de près, cela trouble et attriste.

Un joli petit brahme, tout jeune et gracieux, me mène droit à la plus grande, dont le chapeau a sept étages. L'ascension est pénible dans des boyaux sombres, de paliers en paliers ; des hommes me précèdent et me suivent dans l'ombre ; j'entends le froissement des peaux nues, les glissements sur les dalles ; et toujours le parfum particulier, si pénétrant de ces épidermes noirs, fait de santal et de musc...

Au sommet, sur l'étroite corniche, il faut se tenir courbé et me voici là, serré, pressé par ces êtres qui me dévisagent, au-dessus du vide menaçant.

La minute est désagréable; en bas, dans la cour, une bande de mioches, minuscules vus d'ici, me font une ovation qu'il faut arroser de menue monnaie.

Tout autour s'étend la plate campagne de Pondichéry en grisaille indécise. On ne voit rien de la ville, cachée par un rideau de palmes; dans la brume du sol, le damier se devine des champs d'ocre, des prairies neutres étendues jusqu'à la mer, là-bas à l'horizon; des taches luisent çà et là, pans de murs, toits de pagode, sous la chaleur lourde; le tableau est infiniment mélancolique et je me sens tout à coup très seul, très abandonné, en haut de ce toit étrange, entre ces peaux frôleuses, si loin des miens, de tout ce que j'aime et comprends.

En bas, dans le magasin du temple, l'impression continue en face de l'effarante collection d'animaux de bois coloriés grossièrement, dragons, chevaux ailés, lions ridicules, monstres et chimères, accessoires du culte dont les couleurs pétaradent : c'est puéril et informe.

Avant de partir, il faut subir les « dancing girl » ; le petit brahme m'en supplie. « *Only ten roupies, sir* ». On m'installe sur une chaise, un tapis devant moi ; derrière mon dos, une foule se presse ; voici les danseuses qui sortent du temple.

Celle qui débute sur le tapis au son du tambourin danse une pantomime lente, scandée par une psalmodie hurlée en ton faux par un vilain prêtre au mufle tendu, la ride au front ; elle est toute jeune ; sa démarche, ses gestes sont enfantins. Quel âge a-t-elle? douze ans? Couverte de soies bariolées, des bijoux de clinquant aux oreilles, au nez, aux bras, aux chevilles, elle s'essaie puérilement à des mouvements lascifs... c'est ridicule et un peu touchant ; ennuyeux aussi et j'étouffe dans ce cercle qui m'entoure où bientôt tout le village va venir...

Je quitte bientôt les bayadères lamentables, pauvres prostituées enfantines, les monstres de porcelaine, les divinités échevelées et incom-

préhensibles, les chars de mascarades, les pyramides absurdes, et je laisse tout cela un peu
énervé, déçu.

* * *

A l'hôtel je trouve la carte du gouverneur qui
très courtoisement a voulu me rendre ma visite.

Pendant mon séjour à Pondichéry j'ai pu voir
de près, exécuté par un prestidigitateur hindou,
le fameux « tour du manguier ». Le « truc » saute
aux yeux et l'illusion est nulle; on ne voit pas
sortir de terre et croître peu à peu jusqu'à complet développement l'arbuste qui doit sortir du
noyau : on voit des états successifs de la croissance; d'abord le petit tas de sable mouillé où le
noyau a été enfoui est recouvert d'un voile. Quand
on soulève ce voile, on voit quelques pousses vert
tendre… que l'on recouvre bien vite et ainsi de
suite; les substitutions sont faites certainement
avec beaucoup d'adresse, mais tout ceci rentre
dans la catégorie très normale et très banale des
jeux de passe-passe que nous connaissons tous.

C'est à Tuticorin (prononcez « Tiutécorine ») qu'on s'embarque pour Colombo; c'est une ville de création et d'utilité anglaise, l'une des boucles de la parenthèse qui s'ouvre entre l'Inde et cette partie détachée du continent qu'est Ceylan; petit port sans grand intérêt; maisons basses alignées le long de la côte plate; une immense manufacture de draps de coton appartenant à un Hindou; des « piers » sales, noirs de goudron, encombrés d'un peuple de portefaix, de coolies, entourés de chalands pour le transport des bagages depuis la rive jusqu'au mouillage des cargos à sept milles de là; une chaloupe à vapeur pour les voyageurs…

On a hâte d'embarquer, de retrouver la mer et sa bonne odeur saine, sa fraîcheur après les étouffantes journées précédentes ; mais il faut remplir des formalités d'abord : la visite de la santé, l'échange du « plague passe-port » (passeport de lèpre) délivré à Madras contre un certificat à remettre à Colombo et tout cela est long ; l'attente paraît interminable sur ce môle.

Peu de monde sur la chaloupe, c'est-à-dire peu d'Européens, car elle est bondée de coolies, de natifs... tous les noirs, tous les bronzes, tous les cafés au lait de l'Inde. Nous sommes deux blancs ; un lieutenant de cavalerie anglais de Sekanderabad qui va passer quarante-huit heures de permission à Colombo, et moi. A côté, une famille hindoue, à demi européanisée : le père et le fils sont en complet clair, la mère et la fille en costume national. Les sept milles paraissent longs aussi dans cet affreux bachot qui bondit sur la lame, qui craque et souffle une violente fumée...

Enfin on accoste le *Patiala* de Glascow, bateau de la Bristish India Company.

Après un dîner en smoking face à face avec mon collègue anglais, la nuit s'est passée à dormir sur le pont, dortoir exquis sous le ciel noir criblé d'étoiles. Quelles délices de respirer un air pur et frais, d'aspirer à pleins poumons une brise sans poussière et quel réveil grandiose devant l'énorme, prestigieuse, effrayante comète (1)... elle se détache nettement sur le fond de l'azur; son noyau entraîne superbement une immense queue rectiligne qui occupe verticalement un quart de grand cercle. On reste là, des minutes entières, à la regarder; et à l'aube, quand, pâlissant, elle s'efface peu à peu dans la lumière grandissante, on ne l'oublie que pour contempler, vague lui aussi, noyé encore dans la brume, le pic d'Adam et au-dessous de lui la côte encore indécise de Ceylan.

(1) La comète de Halley.

CEYLAN

I

Il faut plusieurs heures pour atteindre les parages de l'île. Après la nuit limpide, un moite brouillard enveloppe tout à coup le bateau et couvre la mer autour de nous; nous avançons doucement sur une eau légère dans la douceur du matin. A travers la brume transparente, on devine la plage basse et les tiges obliques des grands cocotiers; ils s'épanouissent au loin en feuilles maigres; leurs troncs paraissent jaillir de la mer, tant la rive est plate; on croirait que l'île entière baigne dans l'eau. Le bateau semble ralentir : nous voici tout près maintenant; une pénétrante odeur de fleurs se répand. Des com-

mandements, des coups de sifflet retentissent.
Les bruits de la terre nous parviennent. A présent
la végétation s'affirme dans sa gloire vert sombre,
toute grasse et pleine, embuée de la vapeur de
l'air. Son feuillage lourd penche vers le sol,
gonflé d'eau. L'humidité devient extrême, et avec
la brise qui cesse, l'air s'embrase de chaleur
lourde. Le pavillon retombe inerte. Une réverbération implacable blesse les yeux.

Nous entrons dans le port de Colombo; dans
les bassins, après le clapotis du large, l'eau se
fige lourde, visqueuse. Vaguement croupie, mar-
brée de plaques huileuses, elle va lécher le mur
noir des quais. L'hélice arrêtée, le *Patiala* glisse
d'un mouvement doux; il sépare l'inextricable
encombrement des barques, des pirogues, des
nacelles à balanciers venues au-devant de nous,
chargées à couler d'humanité noire et nue; il
court encore quelques instants sur son erre et
s'arrête à quelques mètres du pier.

La barque du Gall Face Hotel nous prend, moi,
mes bagages et François, pour nous conduire à
l'escalier du quai. Toute pimpante avec son dais
de toile, elle s'enlève sous la poussée robuste

des six rameurs noirs. Nous glissons à travers les embarcations; les avirons crèvent l'eau tiède et saumâtre, soulèvent des épluchures.

Vite, après la douane, je pars en pousse-pousse; un vent lourd brûle le visage; l'air humide, plein des senteurs d'un monde de fleurs, pèse sur la route rouge. Tout est muet; les rumeurs sont étouffées; sur le sable rutilant, les roues du pousse-pousse tournent assourdies; les pieds nus du « jin » frôlent la poussière silencieusement et les indigènes en mince robe blanche semblent des fantômes glissants. Un chien dort, écrasé de chaleur, en plein chemin.

C'est une révélation soudaine de la féerie équatoriale. Nous roulons entre des jardins magnifiques, nous parcourons d'interminables avenues; nous frôlons de vastes édifices dont les murs éblouissants reflètent leur chaleur; nous traversons des places. Le soleil est d'aplomb et découpe brutalement les ombres. Le dos de bronze qui oscille devant moi ruisselle de sueur. Bientôt, je longe une plage où se recourbent les vagues; en quelques minutes, je suis trempé des embruns qu'éparpille un vent violent. Au bout de la plage, se dresse l'hôtel.

C'est un vaste bâtiment tout neuf; le vestibule spacieux sous ses colonnes surprend par sa fraîcheur délicieuse. Des galeries s'en détachent, au bout desquelles on aperçoit par les baies le bleu brillant de la mer. Des serviteurs s'agitent; des gongs résonnent. Dans ma grande chambre où les volets sont clos, il fait frais et paisible; ce sera bon dans l'immobilité des siestes. Dans les hauts couloirs sombres, des «boys» circulent : Cinghalais, vêtus de linges blancs, frêles et respectueux, toujours courbés dans un salut devant les robustes Européens. Dans les salons, des ladies, des gentlemen causent; des sonneries électriques s'égrènent; le lift glisse vite dans sa cage. Une vie de confort et de luxe anime le vaste palace.

De mes fenêtres, la vue est jolie. Au bord de la mer, les immenses cocotiers, si tassés vus du large, s'effilent dégingandés, échevelés à leur sommet d'une dizaine de longues palmes que le vent rebrousse; une grande pelouse conduit l'œil jusqu'à la petite ville groupée autour du port : j'aperçois d'ici ses casernes d'artilleurs, un coin de son immense poste et dans le fond, le phare. Sur le vert cru du gazon, des cavaliers galopent des poneys vifs ; des voitures passent chargées d'Anglais et d'Anglaises, vêtus de blanc ; une auto rapide file le long de la mer : tout cela est gai, vivant et élégant.

Au rez-de-chaussée, dans les « dining », dans les « drawing-rooms », beaucoup d'Européens. L'hôtel regorge de clients. Colombo est un carrefour où se croisent les grandes routes du globe ; celles de Chine, celles d'Australie, celles de l'Inde, celles de l'Europe : presque tous ceux qui les parcourent s'arrêtent ici, heureux de jeter l'ancre entre deux longues étapes. J'y ai vu tous les peuples.

Parmi la foule, j'aperçois, attablé déjà, mon cavalier : il engloutit joyeusement jambon et whisky pour oublier sans doute la maigre chère de Sekanderabad. D'abord, il est venu pour s'amuser ; il s'amuse ; il s'amuse surtout avec des whiskys et des cocktails ; grands dieux ! comment sera-t-il ce soir ! Au tiffin, il divague déjà. Correct cependant ; correct comme tous ses frères qui sont là : grands Anglais tranquilles et robustes, Anglaises très dignes. Tous festoient solidement ; dans la haute salle à manger, sur les tables, il y a des viandes, des confitures, des fruits ; le menu est immense : douze plats entourés de sauces, de condiments, de légumes : Roast Veal, Petit bouchées à Richelieu *(sic)*, Guince fouls, Trifle à l'anglaise, Crout au pôt *(resic)*, Cailles braizées au vin madère. Entre les mets, sur les nappes, on a jeté des fleurs, de vraies fleurs de rêve, à profusion. Les hélices des pankahs agitent doucement l'air et entre les tables se meuvent, souples et muets, les serviteurs cinghalais, très graves, le gros peigne d'écaille dans les cheveux, avec des gestes qui frôlent et semblent caresser.

II

Comme la plupart des cités de l'Inde, Colombo
se partage en deux villes : la ville native et la
ville européenne qui vivent l'une près de l'autre,
mais ne se mêlent pas. Pettah, le centre indigène,
a des bicoques de bois très basses et couvertes de
tuiles, des rues larges et assez propres. Les boutiques, ouvertes à tous vents, se pressent étroites
et misérables, offrant leurs pauvres étalages ; on
y voit des fruits en de grandes mannes, des vases,
des ustensiles de pacotille, des étoffes imprimées
venues de Londres. Là encore, on retrouve la
malpropreté du peuple d'Asie à qui le soin et la
netteté semblent inconnus. Parfois, ouvrant
leurs portes ouvragées sur la rue, se dressent des
pagodes, des sanctuaires, des temples à gopurams ornés d'oriflammes.

La première impression, assez confuse, est celle du bruit, de l'animation. Dans toutes ces avenues circule la cohue mouvante d'une population souple et gaie. Le costume est amusant; les jambes nues des Cinghalais remuent librement sous un grand linge blanc drapé, partant de la ceinture et croisé par devant; le haut du corps s'enferme dans un veston, tout moderne, parfois blanc comme celui de nos barmans, souvent, hélas! de couleur sombre; en guise d'ombrelle, un parapluie ombrage la tête coiffée du seul chignon à peigne. En dépit du costume, le type reste plaisant, harmonieux et délicat : taille svelte, démarche onduleuse, épaules graciles, attaches fines et élégantes.

Des enfants nus jouent et se battent; un tout petit pleure, des plaques de mouches aux coins des yeux. Des hommes de peine passent, splendidement bronzés; les torses sont musclés et luisants. Une lente charrette se balance au dandinement de deux zébus; un mince filet de bave pend des mufles; des fleurs fraîches enguirlandent leurs cornes. Des bouffées chaudes traversent la foule qui fleure le musc, le santal et la rose.

Les femmes jeunes se promenaient autrefois poitrine nue ; de délicieux torses vivaient librement ; une loi excessive a brisé l'antique coutume et aujourd'hui les épaules brunes, les seins délicats, les tailles souples et rondes se cachent sous d'affreuses camisoles... seules les petites filles sortent dévêtues ; j'en vois une toute frêle ; un bijou en forme de cœur, suspendu aux reins par une cordelette, pend au bas de son joli petit ventre.

Les physionomies expriment la douceur de la race. Les yeux paraissent pleins de rêve ; les lèvres dessinent des sourires. Voici deux Cinghalais tout languissants : ils se promènent, se tenant par la main ; ils causent intarissablement le long de la route, pleins de politesse et de grâce. Vraiment, dans ce pays, les hommes semblent plus féminins que leurs compagnes.

Ce sont bien les êtres que devait produire cette terre humide et chaude, parmi l'énervement des fleurs violentes, dans la douceur d'un climat trop anémiant.

La ville européenne s'est construite en deux groupes : d'abord celui des affaires, élevé près du port, avec les bureaux, les agences maritimes, les établissements publics : c'est celui que j'aperçois de mes fenêtres. Les bâtisses sont quelconques, modernes et plates; on y retrouve les banques, les inévitables offices de Cook and Son, les hôtels, les magasins à bijoux, à antiquités, toutes les floraisons habituelles aux centres de luxe international. En pleine journée, ce quartier semble désert. Les fiacres immobiles bordent à la file le long trottoir; les chevaux dorment, tête basse. Derrière les volets clos, chacun sieste, écrasé de chaleur. La terre craque et sèche. Sur le quai, les coolies oisifs s'allongent dans les minces bandes d'ombre. Un silence accablé règne. Vers cinq heures, tout se réveille et s'anime. Sous l'arrosage des jets d'eau fraîche et drue, la chaussée reprend sa rutilance grasse; la rue se fait vivante et dans le port les barques recommencent à glisser entre les gros bateaux.

L'autre groupe est celui des bungalows, des habitations privées. Il a été conquis sur la campagne, en plein fourré, avec les quartiers de Calpitty et de Slave-Island. Il est disséminé dans la jungle, perdu dans la verdure; banlieue paradiiaque, ce faubourg s'étend sur un vaste espace, sous la floraison grasse. Les villas, lourdes de leurs grimpantes, s'enfoncent dans la végétation épaisse, pleines de mystère et de fraîcheur. Ce sont d'exquises retraites, baignées de lumière tranquille. De belles routes, au sol rouge, serpentent parmi ces jardins embaumés, où il semble qu'on retrouve le souvenir du paradis, de l'éden ancestral qui a peut-être existé là...

III

Aujourd'hui, après le tiffin, nous partons pour Mount Lavinia; et pour cela il faut traverser à nouveau la ville indigène et l'étonnante banlieue européenne avec ses villas cachées au fond des jardins somptueux; de loin en loin on devine un perron enguirlandé, un pan de mur, un coin de fenêtre où flotte un store; notre route au macadam rouge s'arrondit à travers le parc tropical tout embaumé de senteurs violentes. Ces jardins sont féeriques : toutes les essences croissent là, aux parfums entêtants, les santals, la cannelle, les ananas, le camphre, les magnolias, les fleurs les plus folles, les plantes les plus étranges, dans un épanouissement, dans un enchevêtrement prodigieux; les tiges s'enlacent, les grappes retombent, les palmes s'élancent. En tous sens, c'est

un merveilleux fouillis de troncs, de branches, de
lianes; les cocotiers, jaillissant très haut au-dessus
de la masse sombre du feuillage, balancent mollement leurs gros fruits. Et tout cela est d'un beau
vert gras et luisant, tout gonflé de sucs. On est
stupéfié devant la fécondité de ce sol rougeâtre,
en face de la richesse de cette terre qui alimente
cet effarant pullulement de belles plantes : une
vie exubérante anime ces végétaux; la sève gonfle
les veines de tous ces bois, se précipite dans les
moindres vrilles toute chaude, irrésistible, iné-
puisablement renouvelée. Quel contraste avec nos
arbres lents et maigres d'Europe !

Autour de nous, c'est une chaleur de serre
chaude. L'épaisse forêt étouffe les bruits. Pas un
souffle dans l'air lourd.

Le long du chemin, on croise dès Cinghalais
tout minces dans leur draperie blanche. Le chignon serré bas sur la nuque affine les visages
alanguis, anémiés par la perpétuelle humidité
chaude. Ils marchent en se balançant, la hanche
à chaque pas s'accusant avec mollesse. Les pieds
nus pressent sans bruit la terre spongieuse.

Cependant nous approchons de notre but; le

fouet claque pour la dernière montée; un peu de brise marine nous arrive à travers les troncs plus clairsemés. On s'arrête devant un hôtel dressé sur un monticule de sable rouge au bord de la mer. Nous sommes au Mount Lavinia.

Entre l'hôtel et la mer, une terrasse se couvre de fauteuils de paille, de tables à parasols. On y voit juste assez de monde pour que le lieu ne semble pas désert. Des groupes boivent du thé. Un Anglais, pipe éteinte, dort allongé sur son siège. Des enfants visent l'eau de cailloux glissants. En l'air, de gros corbeaux, que le vent fait dévier, volent en croassant.

Sous la brise du large, du large où, minuscules, passent incessamment les grands paquebots de Chine et d'Australie, le corps s'étire et se rafraîchit. A droite, la côte frangée d'écume fuit à perte de vue vers Colombo; elle est bordée de cocotiers que le vent balance et ploie. A nos pieds, une petite anse abrite quelques barques. Et l'on repose indéfiniment, dans une exquise détente physique, en face de l'horizon brumeux au delà duquel, si loin, s'étend la vieille Europe. On n'entend que le croulement des vagues sur la terre rouge et, par instants, le froissement plaintif des grands cocotiers.

Le retour se fait, paresseusement, délicieusement par la route de rêve, à travers la forêt. A cette heure, les parfums se répandent pénétrants, surprenants d'intensité; entre les troncs, par échappées, on aperçoit la mer où scintille le reflet rougeoyant du soleil bas. Dans les jardins plus sombres, les petites maisons semblent se tasser davantage, prêtes au repos de la nuit. Au crépuscule, tout devient violet. Les bruits s'atténuent. Quelques lumières s'allument dans les villas, des vérandahs s'éclairent; à travers les feuilles on aperçoit des ombres, sous la lampe, groupées autour de la table familiale; derrière les rideaux de lianes, au haut des perrons tranquilles, des flammes brûlent tremblotantes devant l'autel des dieux.

Tout ceci est infiniment paisible; un immense repos tombe du ciel profond, où scintillent des points d'or. Dans l'éther fluide de la nuit, le silence s'étend que déchirent seules les stridences des grillons.

IV

C'est surtout entre Colombo et Kandy, le long
du joli chemin de fer, qu'on apprécie justement
l'extraordinaire végétation de l'ile. Pendant plus
de quatre-vingts milles, la minuscule locomotive traîne ses wagons de poupée à une gentille
allure de promenade; elle franchit des marais,
des rizières; elle traverse des bois de cocotiers,
elle fait sonner des ponts et s'engage sur d'étroites
digues; elle se faufile sous des tunnels de verdure, s'arrête dans de petites gares et repart,
jusqu'aux premières pentes des montagnes. Une
eau bourbeuse brille sur le sol; des rizières montrent
leurs pousses d'un vert tendre; on aperçoit entre
les herbes la vase des marécages; des vapeurs
blanches s'étirent dans les fonds. Indéfiniment la
terre est spongieuse, imbibée d'eaux stagnantes;

la chaleur du soleil en dégage les pestilences, y triture tous les miasmes. Les fourrés envoient des relents de cave et de moisissure.

Aux stations, toutes charmantes sous leurs robes de fleurs, la locomotive halète dans le silence chaud. Les arrêts sont longs; gracieusesement des Cinghalais à chignon passent le long du train : ils tendent des paniers pleins de mangues, de bananes et d'ananas: Le quai est bordé d'une haie fleurie; on entend le choc sourd des balles de thé que l'on décharge; un timbre fêlé grelotte aux fils du télégraphe; au loin, le pays s'évanouit, tout plat, embué de brouillard bas. La chaleur devient flamboyante.

Avec la montée, on sort de l'immense forêt moite; bientôt on domine sa masse sombre où s'accrochent des buées; la rampe devient forte; sur la pente raide la locomotive s'essouffle; le petit train grimpe lentement, contourne avec précaution des à-pics et monte toujours. Le paysage devient charmant : grandes fougères immobiles, rochers abrupts tout ruisselants de cascades. Parfois, entre deux pentes, la vue s'étend jusqu'aux sommets en grisaille à l'horizon; ou bien, le regard plonge au fond d'une gorge, que comble une épaisse fourrure sombre. L'air devient plus léger, plus clair ; de jolis oiseaux, brillants de couleur, tracent dans l'éther des rais rapides ; les fleurs prennent un éclat plus doux. Une route, vite aperçue, montre sa courbe rougeâtre.

Une vie intense anime cette luxuriance et cette vie change de forme à mesure que l'on monte. Dans la vase putride des bas-fonds, tout un peuple de reptiles rampe et se reproduit. A l'ombre noire des fourrés, une multitude bondit, grimpe ou s'envole : gibier tremblant, bêtes de proie, fauves de toutes sortes. Tout le règne animal, depuis l'insecte aux zigzags fous jusqu'à l'énorme pachyderme qui troue la jungle, naît, lutte et meurt sous ces mystérieuses retraites. Sur les grosses lianes, qui tombent jusqu'à terre en rideaux, des singes sautent et se balancent. Et toutes ces bêtes chassent ou vont à l'amour et les espèces s'entre-tuent. Plus haut dans l'air brûlant, c'est le bourdonnement furieux de myriades d'insectes qui tourbillonnent. Plus haut encore, dans l'espace qui domine la vallée chevelue, des perruches, des colibris, d'immenses papillons au vol

ivre de soleil, semblent des flammes qui voltigent.

* * *

Au bout du chemin, entre de molles collines,
Kandy et son lac d'eau tranquille sous les grands
arbres. L'ancienne capitale des rois Tamils n'est
plus aujourd'hui qu'une toute petite ville paisible
retirée sous ses palmes où la vie coule sans heurt.
Les rues sont silencieuses ; un chien, la queue
basse, rase les murs ; l'eau stagne sans un bruit de
cascade ; elle miroite noire et unie ; on y voit le
mirage des palmiers.

Tout près de ce lac, où s'enorgueillissent des
cygnes, à côté du palais des vieux rois cynghalais,
se cache l'antique temple bouddhiste d'Holy Tooth.

Ce temple d'ailleurs est singulier ; il est tel
qu'il a toujours été. Dans un grand jardin tranquille on voit des pavillons isolés à toits pointus ;
des perrons dallés y conduisent. Tout autour plusieurs enceintes déroulent leur dentelle de pierre ;
des pelouses unies y mettent leur fraîcheur ; des
allées étroites les traversent.

Du dehors j'aperçois des moines drapés de jaune; pieds nus, ils se promènent par groupes ou isolés : l'éclat des robes safran lutte avec celui des fleurs et des marbres. L'un d'eux, qui monte un des escaliers, soulève sa robe. Un autre, assis sur un banc de pierre, médite, le regard fixé à terre. Arrivé aux degrés de l'entrée, le portier m'introduit dans le monastère. Nous passons près des pavillons où bourdonnent des chants; on m'en montre d'autres; dans l'un d'eux, un jeune frère balaie des pétales de fleurs; nous suivons les allées, sous les arbres touffus. Tous les prêtres qu'on croise semblent ne pas nous voir : leurs regards sont lointains, pleins de sérénité.

Ce sont des moines mendiants, dont la discipline est sévère et la pauvreté volontaire. Un bouddhiste de la confrérie ne peut posséder que quatre objets : deux frocs, une sébille pour les aumônes et un filtre pour purifier sa boisson où rien de vivant ne doit se trouver. Sa vie se passe, non à mendier, mais à attendre les dons, en silence, aux seuils des portes. Il reçoit du riz, des piécettes de monnaie.

Au temple, levé très tôt, il balaie les couloirs,

nettoie ses linges, pose des fleurs autour de l'arbre Bô, l'arbre sacré de Bouddha, et filtre son eau; ensuite il médite sur les vertus du dieu, se confesse à son supérieur, étudie et copie des manuscrits.

Certains moines sont exempts des travaux manuels : ce sont les maîtres; ils méditent sans cesse et leurs méditations sont réglées d'avance. Ils sont plus de cent dans ce monastère qui fait songer aux grandes abbayes de notre moyen âge.

Au dehors, sur le lac paisible, les cygnes glissent le col arrondi; un sillage s'évase derrière eux. Sous le soleil moins âpre, la fraîche cuvette où repose Kandy devient délicieuse.

*
* *

Vers les champs de thé, sur la route à flanc de coteau, la végétation folle nous étreint à nouveau. Nous roulons dans un long tunnel à travers les frondaisons; il faut le creuser à nouveau chaque année. Dans cette voûte, éclairée d'une lumière charmante, des fleurs et des fleurs, énormes, éclatantes qui pèsent sur leurs tiges ; elles cachent les troncs des palmiers, s'accrochent aux bambous, piquées çà et là, en bouquets embaumés. Tout à coup, par un trou de la muraille verte, on découvre la pente qui dévale ; elle est plantée drue, jusqu'en bas, d'un épais bois de cocotiers et là-bas, dans la vallée humide, on aperçoit les plantations de thé ; elles s'étendent immenses, perdues au loin dans la grisaille des fonds ; on voit miroiter l'eau d'un fleuve.

Tout le long du chemin, nous passons devant des caféiers, des arbres à mangues, des muscadiers, des cacaotiers. Ce pays est un éden. Toutes les essences, toutes les variétés de plantes s'exaspèrent dans l'inextricable fourré. Au loin, vers le nord, par des échappées, on aperçoit des montagnes vaporeuses.

Au retour, la voiture s'arrête devant une clairière où l'on abat des arbres. Il y a là des éléphants qui travaillent : deux gros, montés chacun par un cornac, et un tout jeune en liberté qui gambade ; le plus vieux, genoux à terre, fend des troncs avec sa défense ; il ahane à chaque poussée ; l'autre apporte les fûts, docile à l'aiguillon.

Leur docilité est parfaite. Un des cornacs m'assure qu'ils vivaient encore, il y a un an à peine, parmi les troupeaux d'éléphants sauvages qui errent dans les forêts du Nord, là-bas sur les montagnes que j'aperçois d'ici.

V

Il fait délicieux, ce matin : une buée légère flotte sur le lac; les collines, éclairées en haut, sont encore sombres; sur les feuilles, la rosée scintille en cabochons limpides et là-bas, sur la route où le soleil pose son rayon, la terre fume. Oui, il fait délicieux et je regrette de quitter Kandy, la halte exquise, pour redescendre à Colombo. N'est-ce pas laisser des heures de rêve charmant pour retrouver les habituelles journées de la réalité banale? Il va falloir, hélas! quitter ce pays et cingler vers l'Europe. Comme cette terre vous prend! Voici huit jours à peine que j'aspire son atmosphère lourde du parfum des fleurs et je suis imprégné, conquis. Quel souvenir nostalgique m'imposera-t-elle plus tard?

Bah! qu'importe après tout! n'ai-je pas entendu

le moine jaune d'hier? Il m'a bien expliqué que rien n'existe, que tout est illusion. Illusion magique, ce décor de rêve; illusion, ces senteurs fortes à faire défaillir; illusion aussi, l'effort que je vais faire pour quitter tout cela... Le souvenir lui-même disparaîtra et il ne restera rien, des pensées, des sensations, des images d'aujourd'hui. Je ne suis qu'un ensemble de forces vagues assemblées pour un temps, mais destinées très vite à se dissocier. C'est Gautama lui-même qui le dit : il faut croire Gautama...

Avec quelle conviction tranquille il parlait, le bonze au crâne rasé, vêtu d'une de ses deux robes orange! J'envie son calme! Puisque rien n'est stable, à quoi bon la fatigue? puisque toutes choses sont semblables aux bulles agitées dans l'eau, disparues aussitôt que formées, pourquoi l'inquiétude et l'agitation? Souffrir? mais pourquoi encore? La maladie, le chagrin, la vieillesse si douloureuse à nous autres, pauvres chrétiens, rien de cela n'existe plus si, comme Bouddha, la conscience de mon néant extirpe de moi cet amour de l'être qui fait craindre ces événements. La douleur ne m'atteindra plus : je serai une chose insensible et parfaite.

En vérité, cette religion athée (Bouddha n'est pas un dieu, c'est un exemple sur qui tous méditent) n'est pas loin d'être sublime; sublime comme morale puisqu'elle engendre, avec le détachement de soi, la charité, la pitié pour les souffrances d'autrui.

Par contre, elle est détestable au point de vue économique et politique. Ces méditations minutieuses qu'elle impose arrachent l'homme à la vie active au profit de celle du couvent; de plus, c'est surtout par l'aumône que certains mérites sont acquis; d'où ces milliers de religieux qui vivent hors du monde, improductifs. Et comme conséquence, un ralentissement de la vie sociale.

Ceci tend à changer : l'exemple anglais ébranle les vieilles coutumes. A l'âge où il devrait méditer au temple, sous les palmes et les fleurs, le bouddhiste de Colombo trouve précisément à s'employer chez les marchands; les plus croyants avancent leurs séjours au monastère et les abrègent; bientôt la lutte pour une vie positive entame rudement leurs croyances à l'Être-Illusion. Employé chez Cook and Son, l'adepte de Gautama aura quelque malaise à approcher du Nirvâna!...

*
* *

Après un dernier regard au joli lac, si attirant ce matin, je m'engage sur la belle route rouge qui descend vers les Peradenyas Gardens. Tout est radieux de si bonne heure, comme lustré par la nuit fraîche; la rosée alourdit les feuilles; une brume délicate voile les hauteurs proches. C'est un paradis tout neuf, exquisement odorant. C'est plus surprenant encore qu'hier. On ne s'habitue pas à cette orgie de lianes et de branches, à ce foisonnement de verdure qui déborde et cascade, mangeant la route, tordue, échevelée, enchevêtrée en massifs drus où crèvent d'énormes fleurs en grappes, aux nuances de rêve, invraisemblables et folles. Et partout c'est le même rut de croissance, la même furie de sève, ici le long du chemin, en face sur les coteaux, au loin dans la vallée mouillée.

Au milieu de ce désordre, en pleine nature, on

a réservé quelques hectares : ce sont les jardins de Peradenya. Le site est admirable et solitaire. Au bord du Mahaveli, qui roule une eau terne et lourde, on a dessiné un parc; on y voit des pelouses molles, des massifs, des ronds-points de sable jaune; des fleurs s'épanouissent en corbeilles; un jet d'eau tourbillonne; là un arceau protège une plante délicate. Cet espace d'arbres et de fleurs est magique : il y a là toutes les plantes des contes de fées : banians énormes aux racines antéennes et rageuses, invraisemblables magnolias, palmiers de tous aspects, araucarias géants, immenses fougères bleues où l'on peut s'abriter, ficus colossaux, cocotiers qui s'élancent d'un jet à vingt mètres, dattiers, poivriers, bambous monstrueux, lisses et droits, aréquiers verticaux alignés le long d'avenues déconcertantes.

Des senteurs compliquées volent par bouffées chaudes; un écureuil traverse l'allée, grimpe au tronc lisse d'un arbre, s'arrête et disparaît. De grands papillons bleus voligent, lourds de pollen. Un vautour s'envole d'un arbre.

On a construit des serres, ce sont des sortes de bosquets à treillage; à l'inverse de chez nous, il y

fait plus frais que dehors. Nous pénétrons dans
l'une d'elles; l'air qu'on y respire est âcre et suf-
focant. Les fleurs les plus étranges y poussent;
orchidées monstrueuses, capillaires arachnéennes,
plantes grasses hérissées de dards, mousses mul-
ticolores; la nature se dévergonde en un pa-
roxysme effarant. Un filet d'eau coule goutte à
goutte; une grosse mouche bourdonne par inter-
valles.

Au dehors, dans l'air chaud, des oiseaux-
mouches, des colibris, des perruches voltigent
dans la splendeur de ce parc fleuri. Sous l'acca-
blant soleil, un Cinghalais émonde un buisson;
un autre sarcle une allée.

Ce jardin est le musée magnifique d'une flore
de rêve; la nature, sous les soins, y développe
toute sa fougue, épanouit pleinement sa splendeur. Vision incomparable! la dernière que je
garderai de l'île enchantée, de l'île heureuse où
tout est plus beau ou plus doux qu'ailleurs, où
les heures coulent légères et parfumées parmi les
fleurs éternelles.

VI

De retour à Colombo, encore sous le charme
des quelques journées vécues si près de la nature
primitive, les rues, les maisons m'ont semblé
tristes et laides après l'exubérante splendeur de
là-haut. J'ai retrouvé la chaleur accablante; il
faut du courage pour employer ce dernier jour à
autre chose qu'à faire la sieste. Le natif lui-même
souffre et s'abrite pendant le jour. N'importe!
j'irai au temple de Kélani; je veux faire à Bouddha
une dernière visite.

D'ailleurs, la route est ombreuse; en pleine
jungle, elle va de villages en villages, compliquée et sinueuse. Au passage des hameaux, des
enfants courent après la voiture; il y en a de tout
petits avec un gros ventre. Le chemin est si étroit
que des épines me griffent le visage. Dans les

huttes de branchages, on me regarde passer avec
indifférence. A un détour, j'aperçois le temple; la
voïture s'y arrête et je descends.

J'ai retrouvé mes prêtres vêtus de jaune; au
grand portique de l'entrée, deux d'entre eux ten-
daient leurs sébiles, en silence. Des gongs vi-
braient dans les jardins. J'ai franchi une grille;
j'ai pénétré dans la pénombre d'une sorte de chapelle où de petites lampes brûlaient faiblement; à
travers la fumée immobile des baguettes d'encens, on aperçoit, au fond de larges vitrines, des
statues de Bouddha, accroupi ou couché, vague
et mystérieux. J'ai vu les fidèles déposer des
fleurs sur de grandes tables; j'ai vu les prêtres en
prière, debout derrière les fleurs, contemplatifs
et muets. Devant eux, au fond d'un tabernacle,
une grande image de cristal semblait agitée doucement par les reflets des cierges; figure apai-
sante et légère, celle de celui qui jadis a vaincu le
désir et la chair par la volonté de ses méditations. Il s'offrait au rêve de ses adorateurs, limpide et pur, souriant dans la paix éternelle...

TABLE DES MATIÈRES

PARIS. — TYP. PLON-NOURRIT ET Cie, 8, RUE GARANCIÈRE. — 17762.